당신과 함께 라돈

– 건강 Up! 집 가치 Up! –

라돈맨, 조승연 교수와 함께 라돈 공포 탈출하기~

당신과 함께 라돈

초판 1쇄 인쇄 | 2021년 06월 10일
지은이 | 조승연
펴낸이 | 이재욱(필명:이승훈)
펴낸곳 | 해드림출판사
주 소 | 서울 영등포구 경인로82길 3-4(문래동1가 39)
　　　　센터플러스빌딩 1004호(07371)
전 화 | 02-2612-5552
팩 스 | 02-2688-5568
E-mail | jlee5059@hanmail.net

등록번호　제2013-000076
등록일자　2008년 9월 29일

ISBN　979-11-5634-457-5

지은이 소개

　조승연 교수는 서울 금화초등학교와 연서중학교, 충암고등학교, 연세대학교 화학과를 졸업한 뒤, 미국 퍼듀대(Purdue University) 대학원에서 핵화학으로 석·박사 학위를 받았다. 1990년 유치과학자로 초빙되어 한국원자력연구원에서 근무한 뒤, 1993년부터 연세대학교 환경에너지공학부 교수로 재직하고 있다. 중입자 가속기와 원자로 핵반응, 실내 환경과 라돈 측정·제어 분야를 연구해 왔으며, 2007년부터 시행된 '국가라돈관리종합대책'을 수립하는데 핵심적인 역할을 했다. 환경부 환경보건센터장, 국가표준전문위원회, 중앙환경정책위원회, 국제원자력기구(IAEA), 대통령실 국가위기관리위원회 등의 자문위원을 역임하였으며, (사)한

국로하스협회장을 지내기도 했다. 2019년 올해의 신한국인 대상, 2020년에는 대한민국 환경대상을 수상하였다. 현재 한국표준협회 실내환경인증과 라돈안전인증 심사위원장 및 연세대학교 라돈안전센터장과 국립과학수사연구원 자문위원을 맡고 있으며 국내외 생활방사선 환경안전과 원자력 관련 현안을 두루 접했다. 150여 편의 연구논문과 보고서, 20여 개의 특허를 보유하고 있다. 그동안 수많은 대국민 라돈교육과 라돈캠프, 라돈 봉사단을 운영했으며, 다양한 언론과 방송 출연을 통해 국민들에게 라돈을 알리고, 실내 환경의 적극적인 관리를 통해 국민 건강을 확보하고 관련 제도와 산업의 발전을 위해 지속적으로 노력하고 있다.

지은이의 말

　선진국에서는 집을 사고팔 때 꼭 그 농도를 파악하고 거래할 만큼 일상생활에서 관리해야 하는 라돈! 왜, 우리는 아직도 쉬쉬해야 할까요?

　하지만 우습고 말도 안 되는 일이 2018년 대한민국에서 발생하였지요. 바로 라돈침대 사태! 많은 국민이 공포에 떨었고, 그 나마 이 사건 때문에 많은 국민이 라돈을 알게 되었어요. 또한 새 아파트 입주할 때, 인조대리석에서 많이 방출되는 라돈 때문에도 많은 국민이 속상해 하셨어요. 즉, 누군가 잘못했다고 판단되면 크게 화를 내시고, 그 개선도 적극적으로 요구하죠.

　그런데 지금 살고 있는 우리 집에 발생하는 라돈에 대해서는 애써 관심을 안 두세요. 일반 공기청정기로는 제대로 관리할 수 없는 실내 미세먼지와 이산화탄소, 휘발성 유기화합물 등도 실내 라돈을 관리하면 덤으로 관리될 수 있어요.

　이제 라돈맨과 아름다운 동행을 통해, 나와 우리 가족의 건강을 위협하는 집 안의 라돈을 쉬쉬하지 말고, 쉽게 이해하고 관리하여 건강과 공간의 가치를 올려 봐요.

2021년 5월
라돈맨 조승현

들어가며

이 책은 일반인들이 많은 관심을 가지고 있는 생활 속 라돈에 대해 가능하면 쉽게 저술하였으며, 본 책에 참조로 표시한 숫자는 제가 저술하고요. 2019년에 발간되어 세종우수학술도서로 선정된 '라돈, 불편한 진실'이라는 책의 페이지를 표시한 것이고, 인터넷 웹(www.smartradon.co.kr)과 스마트폰 앱(스마트라돈)을 통해 쉽게 참조할 수 있어, 좀 더 깊은 지식을 원하시면 편하게 찾아보실 수 있어요.

더불어 제가 직접 강의한 라돈 관련 동영상 강의를 수강할 수 있으며, 역시 저와 함께 한 라돈 관련 뉴스, 추적 60분 등 다양한 방송 영상과 신문·잡지 등 언론 매체에 소개된 내용을 볼 수 있어요.

목차

- 지은이 소개 · **4**
- 지은이 말 · **6**
- 들어가며 · **7**

chapter Ⅰ
- 배경 · **12**
- 라돈이 무엇이죠? · **18**
- 라돈은 방사능을 띤 기체라고 하던데, 방사능, 방사선, 방사성 헷갈려요. 뭐죠? · **21**
- 그럼 라돈은 왜 방사능을 띠죠? · **28**
- 그런데 왜 라돈만 특별히 위험하다고 강조를 하죠? · **36**

chapter Ⅱ
- 라돈은 언제부터 일반인도 위험하다는 것을 알았나요? · **44**
- 라돈은 그 농도가 얼마 이상이면 위험하죠? · **48**
- 우리 국민들의 라돈 인식은 어느 정도인가요? · **54**
- 근데 방사능 침대에서 많이 나온다는 토론은 뭐죠? · **63**

chapter Ⅲ

- 라돈은 어떻게 측정하죠? · **70**
- 라돈은 어떻게 관리하죠? · **77**
- 우리가 많이 살고 있는 아파트 등 공동주택의 라돈은 어떻게 관리하는 것이 좋죠? · **90**
- 라돈으로부터 건강한 우리나라를 위해 앞으로 무엇이 중요할까요? · **93**

chapter Ⅳ

- 라돈관리를 위한 RnV(Radon Value) 토큰 기반 블록체인 생태계 구축 · **104**

☞ 실내공기 오염물질의 주요 발생원은 아래와 같아요.

오염물질	주요 발생원인
미세먼지(PM10) 초미세먼지(PM2.5)	주방 내 조리, 흡연, 외부공기의 유입 등
폼알데하이드	접착제, 페인트, 단열재, 바닥재, 합판 등 건축자재 및 가구류
휘발성유기화합물 탄화수소류	접착제, 페인트, 합판, 벽지 등 건축자재, 실내 흡연, 개방형 난방기구, 살충제·방향제 등 생활화학제품
일산화탄소	흡연, 취사·난방 등으로 인한 연소(가스레인지 등 탄화수소계 연료의 불완전연소 시 발생)
이산화탄소	인간과 동물의 호흡
이산화질소	흡연, 취사·난방 등으로 인한 연소, 외부로부터의 유입
라돈	건물지반이나 주변 토양, 광석, 지하수 및 건축자재
부유세균	냉장고, 가습기, 반려동물, 음식물 쓰레기 등
곰팡이	인간 활동, 겨울철 결로, 외부로부터의 유입 등

☞ 중앙행정기관에서는 아래와 같이 실내공기질을 관리하고 있어요.

구분	환경부		교육부	고용노동부
법적 근거	실내공기질 관리법		학교보건법	산업안전보건법
대상시설	다중이용시설	신축공동주택	유치원, 학교	사무실
관리물질	미세먼지, 초미세먼지, 폼알데하이드, 라돈 등 10가지	폼알데하이드, 라돈 등 7가지	미세먼지, 초미세먼지, 폼알데하이드, 라돈 등 12가지	미세먼지, 폼알데하이드, 등 9가지
위반 시 제재	유지기준 위반 시 과태료 등	-	-	-

이후 ☞ 표시가 나오는 푸른 글씨의 일반적인 실내 환경 관련 팁은 환경부에서 제작한 '실내공기 제대로 알기 100문 100답'에서 발췌한 내용이에요.

chapter I

배경

 우리는 다양한 지식을 습득하고 살아가지만, 참 이해하기 어려운 것이 많아요. 그나마 현대 생활을 영위하며 우리 주변의 수많은 물질을 직접 보고 만지고 경험하면서 지식의 수준을 늘리며 안도의 한숨을 내쉬기도 하죠.
 공기는 기체이고 공기 속에는 산소(공기는 산소가 21% 정도이고 나머지는 대부분 질소)가 있어서 우리가 호흡을 하며 생명활동을 하고, 물은 액체이며 우리 몸의 필수 성분이고 적절히 섭취를 하지 못하면 갈증만 나는 것이 아니라 생명을 잃죠. 흙은 고체이고 이것을 가지고 다양한 건축물을 짓기도 하고, 이 안에는 금, 은, 다이아몬드 등 수많은 유용한 원소가 존재하여 인간의 탐욕을 부채질하기도 하죠. 불은 에너지원이 되며 우리에게 재앙이 될 수도 있죠. 이 정도는 일반적인 상식이죠. 하긴 고대의 철학자 엠페도클레스는 이 세상을 만드는 원소를 탈레스의 물, 아낙시메네스의 공기 등을 모두 함께 묶어서 물, 공기, 불, 흙 등 4가지라고 규정하기도 했죠.
 현대에는 여기에다가 철분, 셀레늄, 아연 같은 영양소, 크롬, 카드뮴, 납과 같은 중금속은 물론 페놀, 포름알데히드, 알코올 등 화합물은 물론, 반도체, DNA, 줄기세포에다가 요즈음은 코로나 바

이러스 까지도 이해해야 하니 온 국민이 만물박사가 되어가는 것 같기는 해요. 좋아요! 여기까지는~ 그나마 보이고 존재한다고 믿어지고, 양이 많으면 만질 수도 있으니까.

원자폭탄이 터진다거나 원자력발전소가 폭발한다는 등의 끔찍한 사고는 있어서도 안 되고, 우리가 그로 인한 피해를 경험할 가능성은 거의 없다고 생각해요. 가끔 병원에 가서 진단이나 치료 목적의 인공방사선을 맞기는(인공방사선 피폭, man-made radiation exposure) 해도, 관리를 잘한다고 믿으니, 그로 인한 방사능 피폭량은 많지 않겠죠.

그런데, 우리는 항상 자연에 존재하는 방사선을 맞고(자연방사선 피폭, natural radiation exposure) 살아간다고 하고, 그게 대부분 라돈 때문이고, 이놈이 폐암 발생의 주요 원인이라는데~~~ 사건이나 사고가 발생해서가 아니라, 바로 우리 주변에 있는, 죽음의 가스라고도 불리는 공포의 대상 라돈!!! 우리나라의 경우 라돈 때문에 한해 2,000명 가까이가 폐암으로 사망하고 있고, 이 숫자는 음주운전 사망자의 세 배 정도라고 해요. 끔찍한 음주운전!!! 그 방지를 위해 우리가 얼마나 경제적, 사회적 비용을 지불하고 있나요? 그럼 이제 라돈은 어떻게 해야죠? 그런데도 아직도 많은 사람들이 라돈에 대해 너무 모르시고, 어떨 때는 일부러 무시하고, 집값 떨어질까 봐 쉬쉬하기도 해요.

2018년 하반기 라돈침대 사태 이후 국민들은 라돈에 대한 인지도가 많이 높아졌고, 이에 따른 우려도 함께 증가한 것도 사실이죠. 최근 경기도에서 접수된 라돈침대 피해 의심 사례 가운데 647명이 실태 조사 대상이 되었고, 침대를 사용한 이후 암 진단을 받

도대체 방사선, 방사능은 무엇일까요?

방사선, 방사능은 폭탄 같고 무섭기만 한것 같은데 거기서 전기도 얻고, 우리 몸을 진단하기도 하고 치료도 한다는데, 보이지도 않고 도대체 이해하기가 힘들어요.

원자폭탄은 상상하기 조차 끔직하고, 일본 후쿠시마에 있는 원자력 발전소 사고 때문에 방사능비가 내리고, 먹는 식품에도 사고로 인한 인공 방사능이 나와 공포에 떨기도 했죠.

거기다가 최근(2018년)에는 침대에서도 방사능이 나온다고 자주 매스컴에서 보도하죠.

밀착형 생활 제품, 쾌적하고 안전해야할 우리집에서도 방사능이 많이 발생한다고 하니 너무 불안하고, 이해하는것도 어렵기만해요.

인공방사능, 자연방사능! 진짜 위험한것인가? 어느 만큼까지는 괜찮다는데, 알아야 대처를 제대로 하지요!

은 사례가 40명에 이르는 것으로 집계되어 라돈침대 유해성 검증에 나선다고 해요. 또한 최근 연구 결과에 의하면 라돈침대 사용자 폐암 유병률은 남성의 경우 5.9배, 여성의 경우 3.5배가 증가하였다고 하죠. 이렇듯 라돈 폭로에 의한 건강과 생명 손실은 설마가 아니라 진실이고, 이래서 나의 생활 환경 속 라돈의 적극적인 관리가 매우 중요한 것이죠.

라돈이란?

방사선을 내는 원소로 색, 냄새, 맛이 없는 기체로 방출 시 쉽게 알아채기 힘듭니다. 또한, 폐암의 원인중 하나이며 우리가 사는 집 주변 어디에서나 노출 될 수 있습니다. 특히 어린이, 임산부 등에게 더 큰 위험을 초래합니다.

실내 라돈을 잘 관리하면 미세먼지, 이산화탄소 등 다른 일반 실내오염물질들은 저절로 잘 관리가 되요. 이제 라돈맨과 스마트하게 라돈 공포에서 탈출하여 나와 가족의 건강도 지키고, 주변에 널리 알려서 소중하고 건강한 내 집의 가치도 올려 보죠!!!

☞ 어린이는 몸무게에 비해 호흡량이 크고(어른의 2배 이상), 호흡기를 포함한 신체가 발달하는 중에 있어 오염물질을 제거하고 배출하는 능력이 약하기 때문에 어른에 비해 상대적으로 오염물질에 취약해요. 즉, 같은 농도의 오염물질에 같은 시간 동안 노출되더라도 어른에 비해 영향을 받게 되요.

라돈이 무엇이죠?

라돈은 물질의 이름이자 원자의 이름이며, 원소 기호 입니다. 모두 영어로 Radon이라 쓰고, 간단하게는 Rn으로 표시하죠. 복잡하세요? 산소 아시죠? 산소는 산소(O)라는 원자로 구성되어 있는, 우리 주변에 있는 흔한 기체이죠. 지구 온난화의 주범이라서 우리가 관리해야 하는 이산화탄소는 CO_2로 표시하고, 탄소(C)와 산소 원자로 구성되어 있다고 하죠. 그런데 여기서 원소 기호는 일일이 모두 알 필요도 없어요. ☞ 245

라돈은 라돈(Rn)이라는 원자로 구성되어 있는 기체이며, 산소보다는 아주 아주 작은 양이지만, 산소처럼 우리 주변에 항상 존재하고 있고, 주로 실내에 많이 존재해요.

그냥 이제부터 라돈은 산소와 이산화탄소 같이 우리 주변에 항상 존재하는, 눈으로 볼 수 없는 기체라고만 생각하시면 되요.

☞ 110, 114-121

이산화탄소를 흡수하고 산소를 공급해 주는 허파 같은 존재, 산림

다행히 라돈 농도가 매우 낮은 야외

라돈은 방사능을 띤 기체라고 하던데, 방사능, 방사선, 방사성 헷갈려요. 뭐죠?

방사능은 1897년 베크렐(Henri Becquerel, 1852-1908)이 발견한 후, 퀴리 부인(Marie Curie, 1867-1934), 러더포드(Ernest Rutherford, 1871-1937), 아인슈타인(Albert Einstein, 1879-1955), 페르미(Enrico Fermi, 1901-1954) 등 수많은 천재적인 위대한 과학자들이 발전시켜 20세기 인류 과학 문명의 중심이 된, 참 어려운 개념이에요. ☞ 46-81

☞ 향초와 인센스 스틱을 사용하면 실내공기 중 총휘발성유기화합물과 벤젠 농도가 상당히 높아져요. 향초를 2시간 사용했을 때에는 총휘발성유기 화합물 권고 기준*의 최대 5.6배, 인센스 스틱을 15분 사용했을 때에는 벤젠 권고 기준**의 최대 6.2배의 오염물질이 검출되었어요. 따라서 밀폐된 실내 공간에서는 향초나 인센스 스틱의 사용을 자제하는 것이 바람직해요.

* 다중 이용 시설의 총 휘발성 유기 화합물 권고 기준 : $500\mu g/m^3$
** 신축 공동 주택의 벤젠 권고 기준 : $30\mu g/m^3$

세계 최초로 우라늄에서 방사선을 발견한 **베크렐**

세계 최초로 라돈 기체를 발생하는 라듐을 분리하여 핵과학을 시작시킨

퀴리 부인

세계 최초로 원자의 구조를 알아내고 인공적으로 원소를 만들어낸
핵물리학의 아버지 **러더포드**

세계 최초로 상대성이론과 $E = mC^2$ 라는 공식으로 원자력이라는 막대한 에너지를 예측한 **아인슈타인**

세계 최초로 원자로 핵분열 반응을 성공시킨 천재 물리학자 **페르미** (저자가 미국 퍼듀대학 유학 당시 지도교수였던 Dr.Porile을 시카고 대학에서 박사 학위 지도).

영어로는 radioactivity라고 하는 <mark>방사능은 방사선(radiation)을 내는 능력</mark>을 말해요. 여기서 <mark>방사선은 주로 알파, 베타, 감마선을</mark> 이야기하죠. 즉, 어떤 물질이 알파 입자, 베타 입자나 감마선을 많이 방출하면, 그 물질은 방사능이 높다고 하고 <mark>그런 물질을 방사성 물질(radioactive material)이라고</mark> 부르는 것이에요.

☞ 246-257

특별히 관리하는 방사능이 높은 물질

방사선을 방출하는 물질을 방사성(radioactive) 물질이라 하고, <mark>라돈 기체는 알파 입자라는 방사선을 방출하기 때문에 방사능을 가진 방사성 기체라고</mark> 하죠. 방사능, 방사선, 방사성 물질 헷갈리시겠지만, 이젠 조금 구별이 되시리라 생각해요.

그럼 라돈은 왜 방사능을 띠죠?

138억 년 전, 빅뱅을 통해 우주가 생겨난 이래 수많은 별들이 생겨났고, 적색거성을 거쳐 초신성이 되는 과정에서 수많은 원소들이 생겨나서 지금의 지구를 만들었다는 것이 현대 과학의 정설이에요. 그중에서 가장 무거운 원소가 지구의 토양에 존재하는 우라늄(U)이라는 고체이죠.

☞ 빅뱅과 원소의 탄생, 라돈은 우라늄에서 나온다!

이 우라늄 대부분은 아직도 불안정해서 45억 년이라는 오랜 시간이 지나면, 원래 양의 반이 다른 원소로 스스로 바뀐다는 것을 과학자들이 알아냈어요. 바뀐 원소도 또 일정 시간이 지나면 반이 또 다른 원소로 바뀌고⋯ 이런 과정을 **방사성 붕괴(radioactive decay)** 라고 하는데, 그 원인은 더 안정한 상태로 가기 위해서라고 해요.

우라늄은 붕괴를 하면서 많은 자손 핵종(원소)을 만들어요. 더 이상 붕괴를 하지 않는 안정한 원소로 되는 과정 중간에 라돈이라는 원소가 생겨나는 것이고, 이 라돈은 또 다른 원소로 붕괴하면서 알파 입자라는 방사선을 내놓기 때문에 방사능을 갖고 있다고 하는 것이죠.

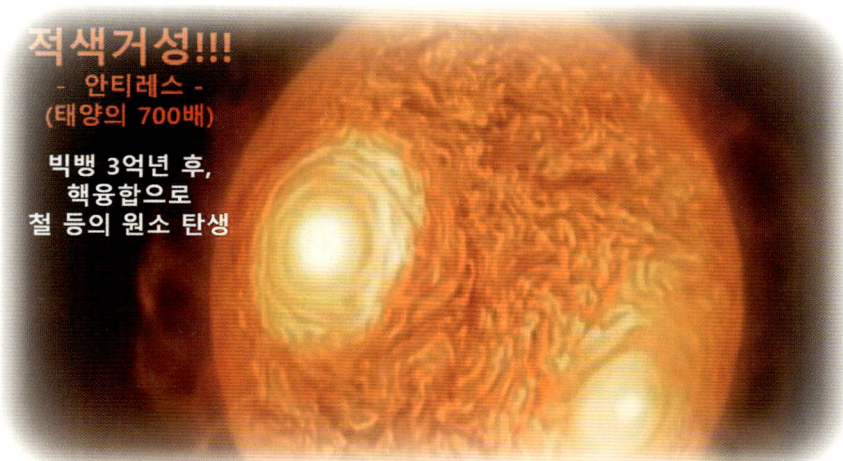

☞ 일반적인 자동차 운행 조건에서는 내기순환 모드로 설정해두면 미세먼지는 상당히 낮은 수준으로 유지할 수 있어요. 하지만 자동차처럼 밀폐된 좁은 공간에서는 사람의 호흡 때문에 이산화탄소 농도가 급격히 증가하게 되요. 이 경우 졸음, 피로감 등을 유발할 수 있으므로 주기적으로 창문을 열거나 외기 유입 모드로 전환하여 환기를 시켜야 해요.

초신성(Supernova) 폭발!!!

태양 보다 10배 이상 무거워진 별들은 마지막 순간
중심의 온도와 밀도가 엄청나게 올라가서
금, 은, 우라늄 등 무거운 원소들을 합성

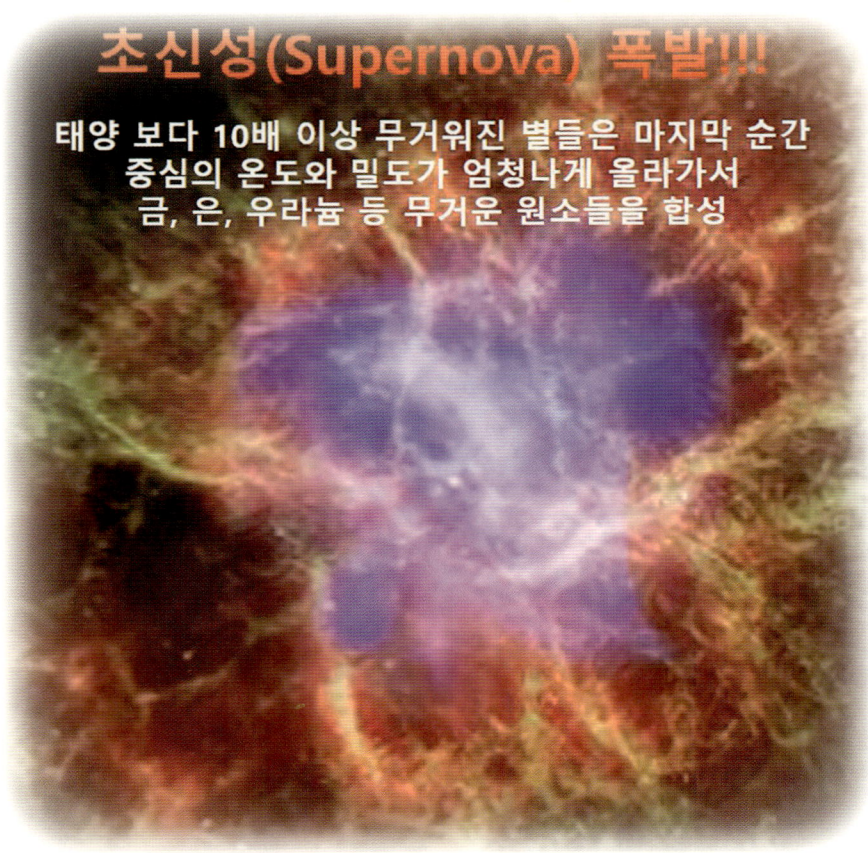

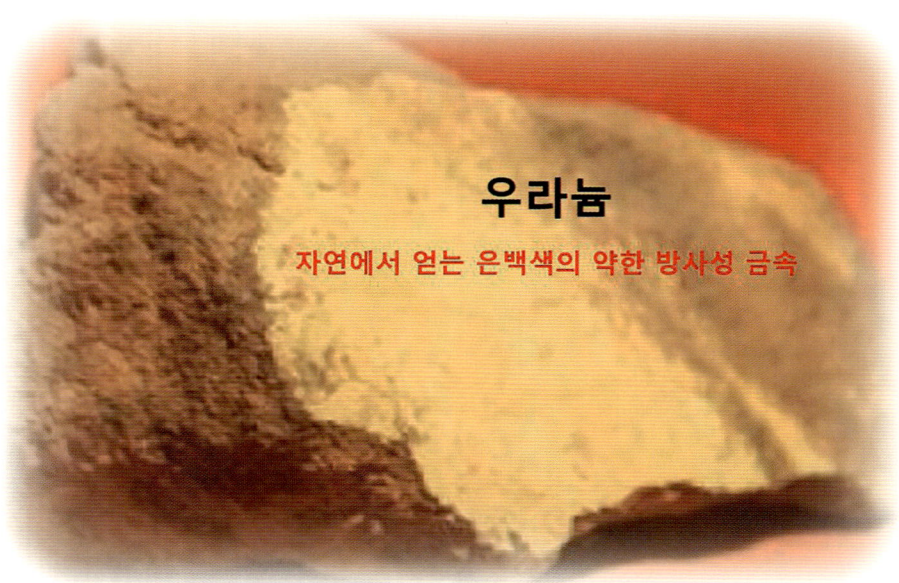

우라늄
자연에서 얻는 은백색의 약한 방사성 금속

☞ 「실내공기질 관리법 시행규칙」 제7조에 따른 신축 공동주택의 실내공기질 측정항목 및 권고기준은 아래와 같아요. 다만, 이는 권고기준이기 때문에 측정 결과가 기준을 초과하더라도 법적인 제재가 이루어지지는 않아요.

폼알데하이드 ($\mu g/m^3$)	벤젠 ($\mu g/m^3$)	톨루엔 ($\mu g/m^3$)	에틸벤젠 ($\mu g/m^3$)	자일렌 ($\mu g/m^3$)	스티렌 ($\mu g/m^3$)	라돈 (Bq/m^3)
210	30	1,000	360	700	300	200 (148*)

• 괄호 안은 '19.7.1부터 강화되는 기준

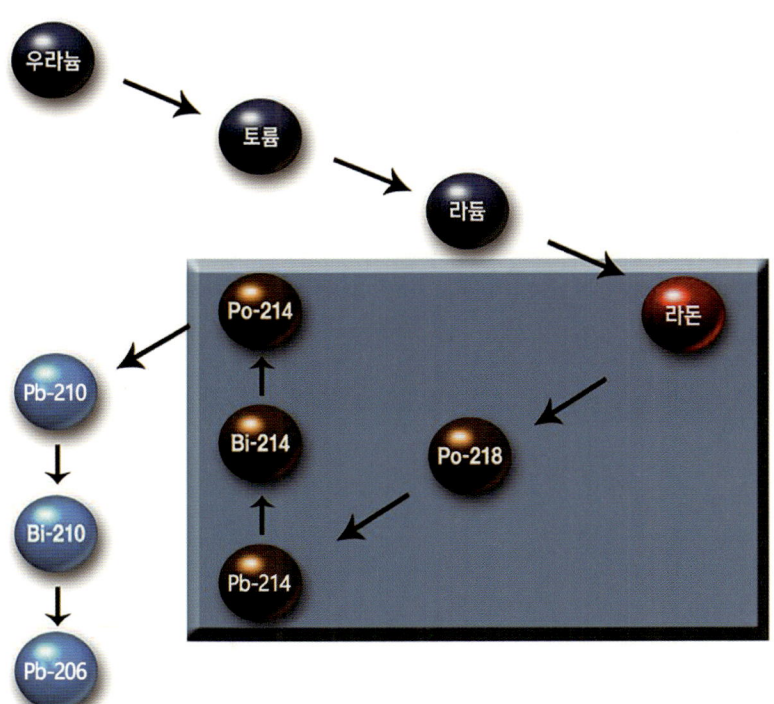

우라늄의 붕괴과정(라돈과 라돈자손들)

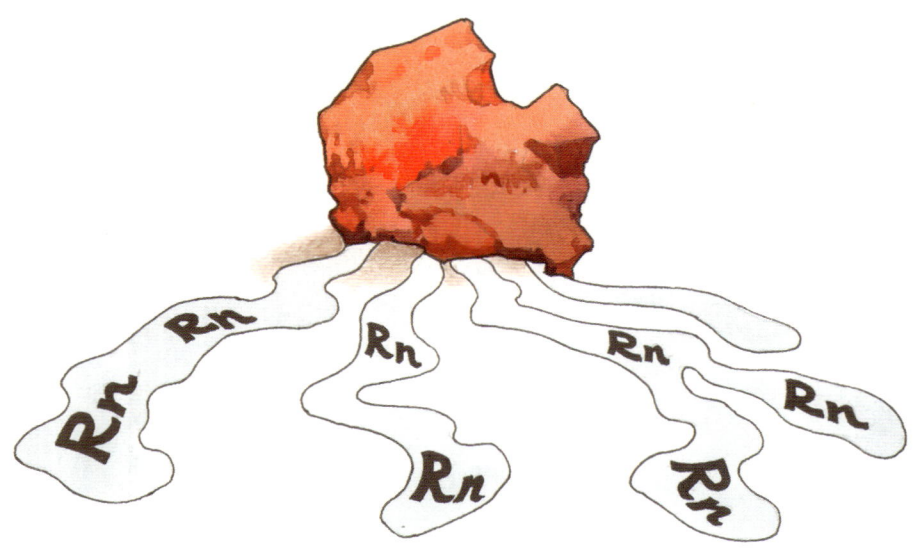

☞ 레인지후드를 사용할 때는 창문을 조금이라도 열어두는 것이 중요해요. 레인지후드는 실내의 오염된 공기를 빨아들여 밖으로 배출시키는 역할을 하는데, 창문을 열지 않은 밀폐된 공간에서 레인지후드만 가동하면 압력손실이 발생하기 때문에 레인지후드 가동 효과가 떨어져요. 그리고 레인지후드를 자주 사용하면 기름때가 끼고 미생물 등이 번식할 수 있기 때문에 꼭 자주 세척하고 주기적으로 교체하여야 해요.

라돈 기체는 알파 입자라는
방사선을 방출하기때문에
방사능을 가진
방사성 기체라고 하죠.

☞ 266-268

그런데 왜 라돈만 특별히 위험하다고 강조를 하죠?

 붕괴 과정 중에 새로이 생겨나는 방사성 원소들은 라돈을 제외하고는 모두 고체예요. 이런 고체들은 토양 속에 계속 존재하면, 그 원소에서 방사선이 발생하더라도, 아주 멀리까지 영향을 미칠 수 있는 것은 감마선이 대부분이고, 천연방사성동위원소에서 발생하는 정도의 감마선이 우리 인체에 미치는 영향은 아주 작아요(체외피폭). 베타 입자 역시 별로 멀리 가지도 못하고 그 영향이 미미해요. 그리고 알파 입자는 날아갈 수 있는 거리가 몇 cm 정도로 매우 짧아서, 그런 것들을 방출하는 방사성 물질이 우리 인체에서 멀리 떨어져 있으면 아무 상관이 없어요.

토양의 우라늄이 붕괴하여 가스 상태의 라돈이 생겨나 실내로 유입

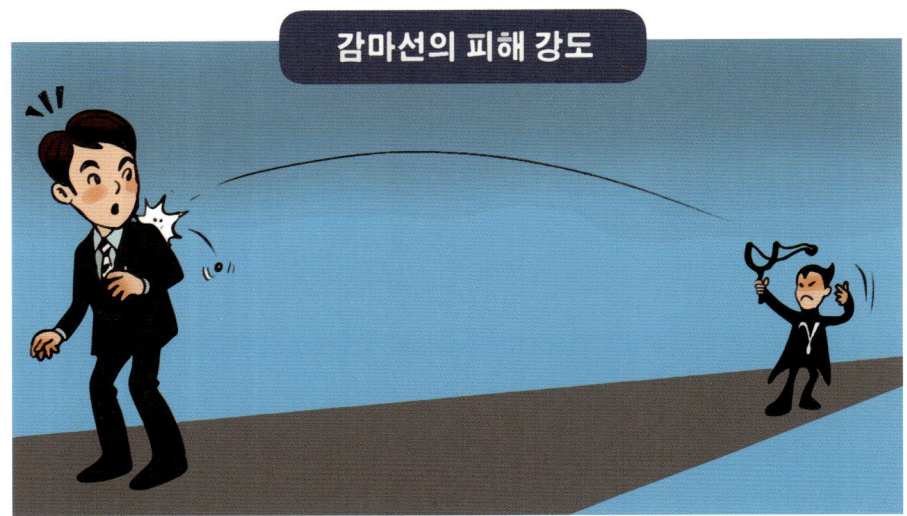

아주 멀리까지 영향을 미치지만 그 강도는 약함

아주 근처에만 영향을 미치며, 그 강도가 매우 강함

라돈은 운 나쁘게도 기체이기 때문에, 토양이나, 토양을 원료로 한 실내의 건축자재에 존재하는 우라늄에서 발생하여, 실내공기로 흘러 들어와 우리가 호흡할 때, 인체내로 들어와서 방사선을 주변 세포에 여기저기 마구 뿌려대니 위험 할 수밖에 없죠(체내피폭).

☞ 124-128

　라돈이라는 방사성 기체가 호흡을 통해 우리 몸에 들락날락 하는 것도 위험하지만, 라돈 때문에 생겨나는 방사성 원소들(폴로늄, 납, 비스무스 등의 라돈 자손 핵종들)도 초미세먼지보다 아주 아주 작은 입자로 존재하여, 우리 인체 내로 쉽게 들어올 수 있어서 더 위험하게 되요. 인체 내, 주로 폐로 들어와 인체 내부가 피폭되어, 알파 입자, 베타 입자, 감마선 등 모든 방사선을 주변 세포와 조직에 방출하게 되기 때문에 방사선이 외부에 있을 때 보다, 훨씬 더 위험한 것이에요.

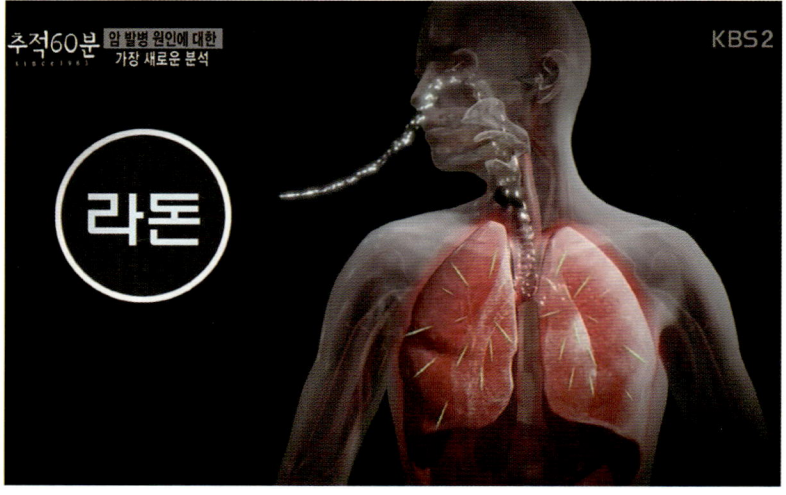

☞ 128-131

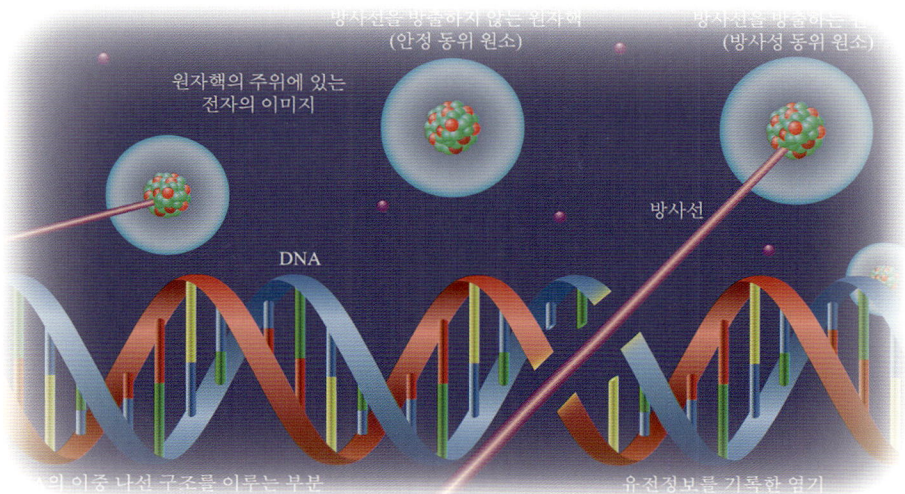

방사선에 의한 DNA 손상

☞ 요리를 할 때에는 자연환기와 동시에 주방 레인지후드를 켜고, 요리가 끝난 후에도 최소 30분 이상 레인지후드를 켜두는 것이 도움이 되요. 기름을 이용해서 육류나 생선을 조리할 때에는 초미세먼지가 매우 많이 발생하므로, 이 경우 대기 미세먼지가 나쁘더라도 환기를 짧게나마 시키고 레인지후드를 사용하여야 해요. 생선구이 같은 요리를 할 때에는 종이호일이나 팬 뚜껑을 덮고, 튀김을 할 때에는 재료가 기름에 완전히 잠기도록 하는 것이 좋아요.

☞ WHO에서는 실내 미세먼지 기준을 별도로 설정하지 않고, 대기와 같은 수준으로 기준을 설정할 것을 권고하고 있어요. WHO의 미세먼지 가이드라인은 아래와 같아요.

[참고] WHO 잠정목표 및 권고기준

(단위 : µg/㎥)

구 분	미세먼지	초미세먼지	연평균 건강영향
잠정목표1	150	75	권고기준 대비 사망위험율 15% 증가
잠정목표2	100	50	잠정목표1 대비 사망위험율 6% 감소
잠정목표3	75	37.5	잠정목표2 대비 사망위험율 6% 감소
권고기준	50	25	사망위험율 가장 낮은 수준

chapter Ⅱ

라돈은 언제부터 일반인도 위험하다는 것을 알았나요?

: 방사능의 위험성은 오랜 기간의 연구와 원자폭탄 피해자, 원자력 사고 피해자를 조사하면서 구체적으로 알려지기 시작했어요.

방사능 사고 조사

그리고 원자폭탄을 만들고 원자력 발전을 하려면 땅 속의 우라늄을 캐내어 이용해야 하지요. 그런데 우라늄 광산에서 일하는 광부들의 폐암 발병률이 일반인보다 높아서 라돈이 주목받기 시작했지요.

지하에서 일하는 광부

　미국과 유럽 등 선진국은 1990년대부터 국가 라돈 관리를 위해 많은 노력을 기울여 왔어요. 이후 WHO에서도 라돈 관리를 강화하고, 우리나라도 일부에서만 관심을 가지고 있다가 2007년에서야 환경부가 국가라돈관리 종합 대책을 마련하기 시작하였지요.

　현재 국내에서는 환경부, 원자력안전위원회, 교육부, 국토교통부, 고용노동부, 국방부, 보건복지부 등에서 일부 라돈을 관리하고는 있지만, 방사능 침대와 아파트 대리석 등, 생활밀착형 제품에서의 고농도 라돈 방출이 문제가 되면서, 효율적인 통합 관리의 필요성이 자주 얘기되고 있지요.

☞ 131-132

라돈은 그 농도가 얼마 이상이면 위험하죠?

 방사능에 노출되는 만큼 우리의 건강에 끼치는 위험성은 증가하므로 방사능은 가능하면 맞지 않는 것이 제일 좋죠. 이걸 유식한 말로 알랄라(ALARA : As Low As Reasonably Achievable)라고 하죠. 즉, '합리적인 수준에서 가능하면 방사능에 노출되지 말자'라는 뜻이고 여기서 합리적이라는 얘기는, 아무래도 '경제적으로 가능하면 방사성 물질을 관리하자'라는 뜻이겠죠.

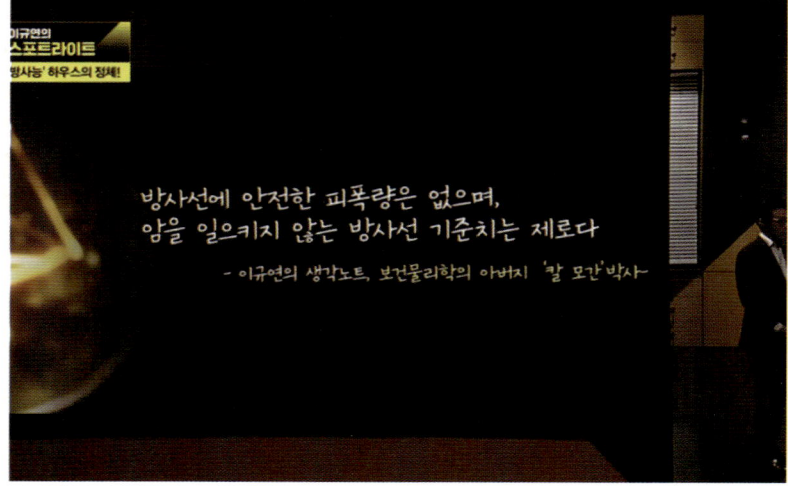

 하지만 우리는 일상생활을 하면서 방사능을 안 맞을 수는 없어요. 병원에 가서 엑스선 촬영으로 진단받을 때도 방사능에 노출되

고, 토양, 음식, 건축자재, 공기 등등에 존재하는 자연방사능에 노출되고 적응하며 살아가고 있죠. 우리가 맞는 연간 방사능의 반 정도가 라돈에 의한 것인데, 만일 우리 집의 라돈 농도가 평균치의 두 세배이면 폐암의 발병률이 비례적으로 늘어난다고 해요.

☞ 112-113

여기서 라돈 얘기를 하려면 꼭 알아야 하는 단위가 있어요. 조금 어려워도 꼭 집중해서 이해하고 기억했으면 해요.

첫 번째는 라돈 또는 방사성 물질의 양을 표현하는 단위예요. 우리가 물질의 양은 보통 그램, 킬로그램 같은 무게나 백 개, 천 개 같은 개수로 나타내죠. 그런데 방사성 물질은 1초에 그 물질이 몇 개나 없어지는가 하는 것으로 표현을 해요. 그걸 방사선을 최초로 발견한 베크렐(Becquerel)이라는 과학자의 이름을 따서 베크렐(Bq)이라고 해요. 일반인이 계산하기는 쉽지가 않지요. 다만

베크렐이라는 숫자가 커질수록 방사성 물질의 양이 많아진다고 생각하면 되지요. 참고로 우리나라와 미국의 라돈 관리 기준은 공기 1 입방 미터 내에 라돈이라는 방사성 기체가 148 베크렐 이내라야 된다는 것이고, 간단히 표현하면, **148 Bq/m³**가 관리 기준이에요. 그런데 이것을 환산하면 간단하게 **4 pCi/liter**(공기 1 리터 중에 라돈 4 피코 큐리)에요. 여기서 큐리(Ci)는 세계에서 가장 위대했던 여성과학자 큐리(Curie) 부인을 기려서 사용하는 단위에요. **즉, 37 Bq/m³ 와 1 pCi/liter는 똑같은 양이예요.**

☞ 263-264

그런데 라돈 148 Bq을 우리가 잘 아는 그램으로 환산하면 얼마일까요? 2.6×10^{-14} 그램이에요. 1억이 10^8, 1조가 10^{12} 이니까 억분의 1도 아니고, 조분의 1도 아닌 수백경분의 1 정도에요. 즉, 일반적인 물리, 화학적으로는 존재도 하지 않는 물질인데, 실내의 포름알데히드나 석면 등 보다 폐암의 원인이 되는 물질이에요. 비흡연자, 여성 폐암의 첫 번째 원인이라니~~ 이게 다 방사성 물질이라서 그런 거죠. ☞ 136

라돈이 우리 인체에 미치는 영향을 우리가 잘 아는 담배와 비교해서 얘기하기도 해요. 일부 전문가들은, **일반적으로 실내 기준치인 148 Bq/m³ 농도로 존재하는 실내에 거주할 때, 이는 하루 담배 8 개비 피는 것과 같고, 일 년에 흉부 엑스선 촬영을 200번 하는 것과 같은 통계적 위험을 갖는다고 얘기해요.**

두 번째는 시버트(Sievert)라는 단위예요. 이 단위는 우리 몸에 방사능이 쪼여지면 전달되는 에너지를 표현하면서, 방사선의 종류에 따른 위험성 까지 포함하는 단위에요. 즉, 같은 에너지의 알

파입자 또는 베타입자와 감마선을 방출하는 방사성 물질이 인체에 들어오더라도, 알파입자를 방출하는 방사성 물질이 베타 또는 감마선을 방출하는 방사성 물질보다 확률적으로 20배 더 위험해요. 그 이유는 알파입자는 베타입자 보다 크기가 10,000배 이상 크기 때문에, 종이 한 장도 못 뚫고 이동 거리는 공기 중에서도 2, 3 센티미터 정도로 짧지만, 정지하면서 주변에 더 나쁜 영향을 미치기 때문이에요. 콩알에 맞을 때 보다 커다란 철퇴에 얻어맞는 것이 충격이 훨씬 큰 것과 마찬가지 논리예요. 즉, 라돈과 라돈의 자손핵종 같이 알파입자를 방출하는 물질이 우리 몸 바깥에 있을 때는 우리한테 미치는 영향이 거의 없지만, 일단 그 물질이 우리 몸 안에 들어오면 더 위험할 수밖에 없죠. 감마선은 빛의 일종으로, 햇빛이 유리창도 뚫고 들어오듯이 투과력이 좋아서 멀리 까지 이동을 해서 영향을 미칠 수가 있어요. 따라서 방사선에 의한 외부피폭은 거의 감마선에 의한 영향이에요.

우린 시버트를 그냥 인체에 피해를 끼치는 확률적인 영향의 척도라고 쉽게 이해하면 되요.

☞ 298-300

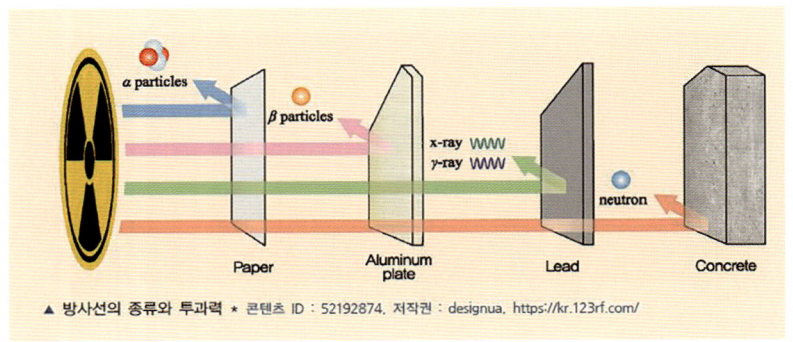

▲ 방사선의 종류와 투과력 ★ 콘텐츠 ID : 52192874, 저작권 : designua, https://kr.123rf.com/

우리 국민들은 라돈 때문에 일 년에 평균 1.4 mSv 정도 방사선에 피폭되죠. 인공방사선에 대해서 일 년에 허용된 방사선량이 1 mSv 인 것을 보면, 1.4 mSv는 적지 않은 양이죠. 그래서 아무리 할 수 없이 맞는 자연방사능이라 해도, 우리 집에서 평균치 이상을 맞을 이유가 전혀 없는 것이죠. 이제부터 우리 집의 라돈 수치를 파악하고 가능하면 낮추는 노력을 함께 해요.

출처 : blog.naver.com/sulaindental/221384692164

☞ 119

> 여러분!
> 꼭 이 다음 숫자는 기억하세요.
> 실내 공기 중 라돈의 양으로는 148 Bq/m³(베크렐퍼 입방미터) 또는 4 pCi/liter(피코큐리 퍼 리터)가 우리나라 기준치, 인공방사선으로 인한 확률적 영향에 대한 기준은 연간 1 mSv(밀리 시버트)이고 자연 방사선을 내놓는 라돈 때문에 평균 1.4 mSv 피폭!!!

☞ 122, 132-137

☞ 세계 보건기구(WHO)에서는 각 국가별로 달성할 수 있는 가능한 한 낮은 수준으로 국가 라돈 기준을 설정할 것을 권고하는데, 현실적으로 국가가 시행하기 어려운 경우에는 300Bq/㎥ 이내 수준에서 기준을 설정할 것을 권고하고 있어요. 우리나라에서는 미국 환경보호청(EPA)의 기준인 148Bq/㎥을 권고기준으로 채택하였어요. 미국 EPA에서는 해당 수준의 농도에 연간 7,000시간 이상 평생 노출될 때, 비흡연자 1,000명중 7명의 폐암 발병 위험도가 있다는 연구결과를 발표한 바 있어요.

우리 국민들의 라돈 인식은 어느 정도인가요?

원래 라돈은 우리가 하루에 10시간 이상 머무는 주거 공간의 이슈에요. 우리나라는 저와 같은 일부 과학자만 관심을 가지고 있다가, 2006년 가을에, 그 당시 인기 있었던 엄기영이라는 앵커가 진행하는, 시청률이 아주 높았던 MBC 뉴스데스크에서 저와 약 2달여 라돈 관련 기획뉴스를 만들어 방영한 이후, 환경부에서 적극적인 관심을 갖고, 2007년부터 라돈관리 종합대책을 만들어 지금까지 오고 있죠.

이후 KBS의 추적 60분이 2013년 말과 2014년 초에 3회 동안 라돈 관련 추적 프로그램도 진행하고 여기저기 매스컴에 가끔 라돈 관련 내용들이 나왔죠. 그런데 그때만 반짝 국민들의 관심이 늘어나 네이버, 다음 등 포털 사이트에서 검색 순위 반짝 1등에는 올라갔지만, 바로 일반 국민들의 기억이나 관심에서 멀어졌죠.

☞ 앱과 웹에서 방송 동영상(추적 60분, 생로병사의 비밀, 이규연의 스포트라이트, 각종 뉴스 등)과 신문, 잡지 등 자료 참고

☞ 일상적인 실내 환경에서 관찰되는 수준의 이산화탄소는 인체 위해성이 없어요. 하지만 이산화탄소는 이용객이 많은 다중 이용시설에서 환기가 얼마나 잘 이루어지는 지에 대한 지표로 유용하게 활용되므로 법적 관리의 의미가 있다고 볼 수 있어요.

미디어에서의 침대 방사능 표현 *출처 : 연합뉴스(최자윤 일러스트)

그러다가 2018년 초에 여러분들도 잘 아시는 방사능 침대라는 안타까운 사건이 터진 후, 생활방사능에 대해 지속적인 관심을 갖게 되어, 국민들의 80퍼센트 이상이 라돈이라는 물질의 위험성을 알게 되었죠. 이후 국민들은 마스크, 생리대, 속 옷, 모래, 대리석 등등에서 방출되는 라돈을 스스로 자발적으로 찾아냈습니다.

☞ 2018년 생활밀착형 제품 라돈 이슈

하지만 선진국에서는 부동산을 사고팔 때 라돈 농도를 밝혀야 하고, 라돈 농도가 높으면 관리가 되도록 하고 매매를 하는 것이 생활화되어 있습니다. 일부 국가에서는 건축물의 준공허가를 받기 위해서는 라돈 농도가 기준치 이하가 되어야 하죠. 그 이유는 라돈만이 그 건축물 또는 공간에서 영원히 발생할 수 있는 발암물질이기 때문에, 매우 합리적인 것이죠.

☞ 179-186

이에 우리도 라돈은 진단만 제대로 하면 충분이 치료가 될 수 있다는 것을 인식하고, 라돈 관리가 되고 있는 공간을 서로서로 표시하고, 알리고 자랑해야 한다고 믿어요. 저는 항상, 라돈은 측정이 아니라 진단이고, 이후 라돈으로부터 우리 집 또는 공간을 치료하는 것이라 말해요. 우리는 몸이 아프면 스스로 진단하고 치료해 보고, 안 되면, 전문 의료인을 찾아가서 저렴한 진단과 치료로 시작해서, 또 안 되면 고가의 진단과 치료를 받듯이, 라돈도 우리 집이 아프다고 생각하셔서, 자가 진단과 치료를 하고, 잘 안되면 전문가의 진단과 치료를 받아야 한다고 생각해요. 이런 과정을 거쳐서 잘 관리되고 있는 공간은 그 공간의 가치를 표시하고, 인증 받고, 서로 자랑하는 것이 합리적이라 생각해요. 이후 이런 공간이 임대, 매매될 때 그 가치를 서로서로 인정해 주는 것이, 생활공간의 지속적인 라돈 관리에 매우 중요하다고 봐요.

> 그러나 아쉽게도 대부분의 국민들은 아직도 우리 집에 존재하는 라돈에 대해서는 아직도 무심하고, 농도가 높으면 오히려 주변에 쉬쉬하는 경향이 많아요.
> 이는 학교, 보육시설이나 상업용 시설도 마찬가지예요. 라돈이 많이 나오면 소문이 나쁘게 날까봐 대부분 쉬쉬하죠. 이는 부동산 가격에 민감한 분들이 너무 많기 때문이기도 하고, 일종의 안전 불감증이죠.

Mark

근데 방사능 침대에서 많이 나온다는 토론은 뭐죠?

토론을 이해하려면 조금은 헷갈릴 수 있는 동위원소에 대한 개념이 있으셔야 해요. 동위원소는 원소는 같은데 무게만 다른 것을 말해요. 예를 들면 수소에는 수소도 있지만, 무게가 다른 중수소, 삼중수소도 있어요. 자연계의 99퍼센트 이상은 수소 이지만, 바닷물에 약간의 중수소가 있고, 우주에서 날라 오는 우주선이 공기 중의 수소와 반응하여 삼중수소도 만들어요.

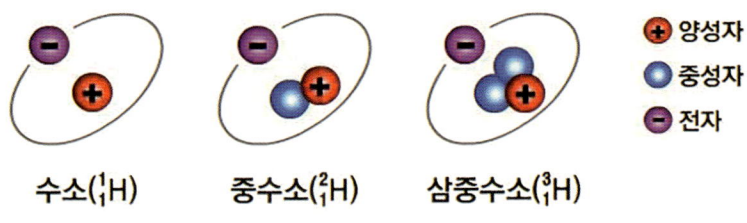

수소의 동위원소

그런데 삼중수소는 베타선을 방출하면서, 12.5년 지나면 반씩 없어지는 방사성동위원소예요. 모든 원소는 동위원소가 있고, 일부는 방사성동위원소예요.

☞ 247

토론도 라돈의 동위원소이고, 원소기호는 둘 다 똑같이 Rn이지만 무게가 다르죠. 또, 둘 다 알파입자를 방출하는 방사성동위원소에요. 다만, 생겨난 원인이 라돈은 우라늄(U)에서, 토론은 토륨(Th)에서 생겨났기 때문에 이름을 달리 붙이는 거예요. 즉, 라돈과 토론은 그 기원(조상)이 다른 것이죠. 방사성 붕괴해서 생겨난 새로운 원소들을 자손이라고도 표현하는 것도 아시죠?

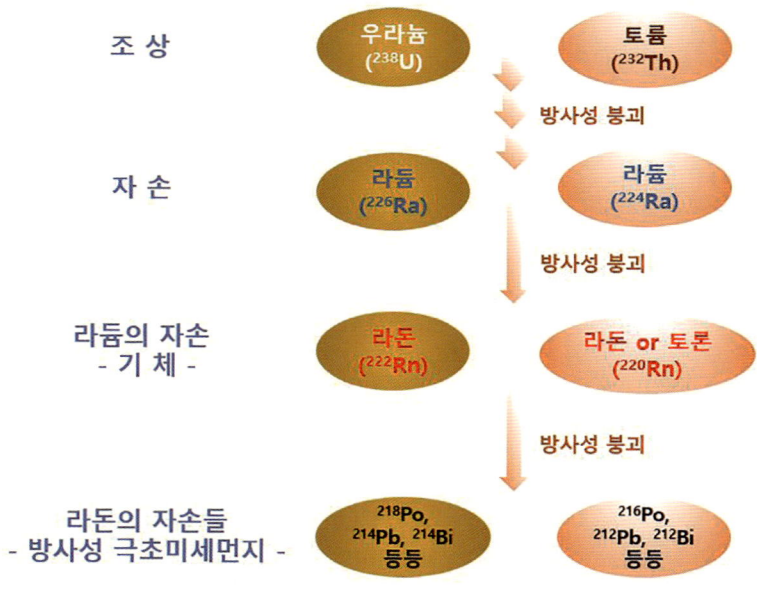

사실 토륨은 지구에 우라늄보다 훨씬 더 많이 존재해요. 근데 토론이 왜 침대에서 그리 많이 나왔냐고요? 그것은 우리 국민들이 과학적인 근거가 전혀 없는 음이온을 좋아해서 그랬어요. 사업하는 사람들은 모나자이트라는, 우라늄은 물론 토륨도 아주 많이 들어 있는 광물질을 음이온이 많이 나오는 것이라고 생각하고, 모나자이트 가루를 여기저기 많이 뿌려, 기능성 제품으로 판매를 한 것이죠. 이런 물질을 생활용품에 사용하는 것을 허락한 감독 기관도 실수한 것이죠. 그런데 토론은 반감기가 55초 정도로, 반감기가 3.8일인 라돈 보다 훨씬 빨리 없어지므로, 실내 공기 전체에 미치는 영향은 5% 이내인데, 우리가 코를 대고 자는 침대에서 방출되거나, 아주 좁은 화장실 대리석에 나온다면, 없어지기 전에 우리 체내로 들어올 수 있으니 위험할 수밖에 없죠.

☞ 2018년 생활밀착형 제품 라돈 이슈

미디어에서의 침대 방사능 표현 *출처 : 어린이 과학동아('18. 6. 15)

　즉, 토론은 공기 중에서 빨리 없어지기 때문에 우리 몸에 들어올 가능성은 적어도, 일단 들어오게 되면 라돈에서 나오는 알파입자 보다 더 빨리 발생하는 알파입자로 우리 몸을 더 많이 공격해서, 라돈 보다 훨씬 더 위험한 것이에요. 또한 초미세먼지 보다 훨씬 작은 수십 나노미터 크기의 고체 상태의 라돈과 토론의 자손 방사성동위원소들도 계속 생겨나서, 알파 입자, 베타 입자, 감마선을 계속 체내에서 방출하니 꼭 관리를 해야 해요. 미세먼지도 몸에 안 좋은데, 방사능 까지 띠면 더 안 좋겠죠? 그동안 초미세먼지가 기관지와 폐포에 도달해 염증을 일으키는 등 호흡기 계통에 좋지 않은 영향을 미친다는 연구는 많이 발표됐어요. 그런데 최근에는 초미세먼지가 코에서 바로 뇌로 들어가거나 혈관을 타고 뇌로 들어가 영향을 미쳐 뇌졸중, 치매, 우울증 등 세 가지 질환을 다 유발한다는 연구 결과도 새로 나오고 있죠. 라돈 또한 그 자손 핵종 자체가 스스로 수십 나노미터의 극초미세먼지로 공간에 존재하기도 하며, 주변의 초미세먼지에 부착을 하므로 초미세먼지의 영향은 물론 방사선에 의한 추가적인 피해를 일으킬 수도 있다고 해요. 세계적으로 저명한 과학 학술지로 알려진 'Nature'에 발표된 내용을 보면, 스페인의 Galicia 지역의 뇌암 사망자와 지역 내 라돈 농도의 연관성을 연구한 결과 라돈 농도가 높은 지역에서 상대적으로 뇌암 사망률이 더 높았으며 남자와 여자 중 여성의 뇌암 사망 위험률이 더 높았다고 해요(Residential Radon Exposure and Brain Cancer: an Ecological Study in a Radon Prone Area (Galicia, Spain). Sci Rep 7, 2017). 여성의 뇌암 위험률이 더 높은 이유는 당시 여성들이 주로 전업 주부로 활동하여 집안에 거주하는 시간이 많았기 때문으로 보인다고 했죠. 즉, 실내나 생활용품에 존재하는 라돈이나 토론 때문에, 방사성을 띠는 극초미세먼지까지 만들어져, 호흡을 통해 우리 몸속으로 들어와 신체에 나쁜 영향을 미치는 것이죠. 우리 혈액과 피부에도 나쁜 영향을 미쳐서, 미국에서는 라돈이 혈액암(Residential Radon Exposure and Risk of Incident Hematologic Malignancies in the Cancer Prevention Study-II Nutrition Cohort Environmental Research, 148, 2016), 스위스에서는 라돈이 피부암(Effects of Radon and UV Exposure on Skin Cancer Mortality in Switzerland, Environmental Health Perspectives, Vol.125, No.6, 2017)의 원인이 된다고도 주장해요. 라돈이 폐암 발생의 중요 원인이란 것은 이미 밝혀졌기 때문에, 이제 선진국에서는 라돈과 다른 질병과의 상관관계 연구를 하는 것 같아요.

☞ 117, 122-123, 225-226

☞ 지름 10um 이하의 먼지를 미세먼지라고 부르고, 미세먼지 중에서 지름 2.5um 이하의 먼지를 초미세먼지라고 불러요. 초미세먼지의 지름은 머리카락 두께의 20분의 1 정도이며, 미세먼지보다 유해성이 크다고 알려져 있어요.

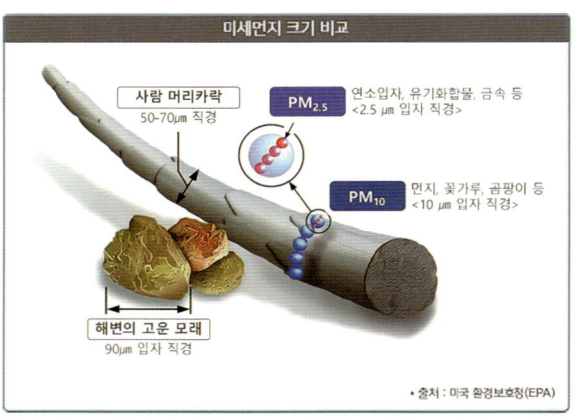

chapter Ⅲ

라돈은 어떻게 측정하죠?

　라돈은 그 붕괴 과정 중에 알파와 베타 입자와 감마선을 방출하니까. 라돈을 측정한다는 것은 바로 이 세 가지 방사선을 잘 찾아서 그 양을 세어 보는 과정이에요. 또한 라돈에서 방출하는 세 가지 방사선이 반응하는 대상이 기체, 액체, 고체 등, 다양해서 측정 방법 또한 다양해요. 즉, 공기 중 또는 물속에 존재하는 라돈을 측정한다는 것은, 라돈과 그 자손핵종에서 방출하는 알파, 베타, 감마를 측정하는 것이고, 이렇게 방출되는 알파, 베타, 감마라는 방사선이 기체, 액체, 고체와 반응하여 방출되는 신호와 흔적을 관찰하여 평가하는 것이에요.

　방사선측정의 원리에 따라서, 방사선이 기체 분자에서 전자를 떼어내는 원리를 이용하는 펄스형 전리함 방법과 방사선이 충전된 물질을 방전시키는 효과를 이용하는 충전막 전리함, 방사선이 빛을 내놓는 효과를 이용하는 섬광계측법, 알파 입자의 에너지가 반도체와 작용하여 전기적 에너지가 발생하는 원리를 이용하여 직접 스펙트럼으로 분석하는 알파선 분광법, 알파 입자가

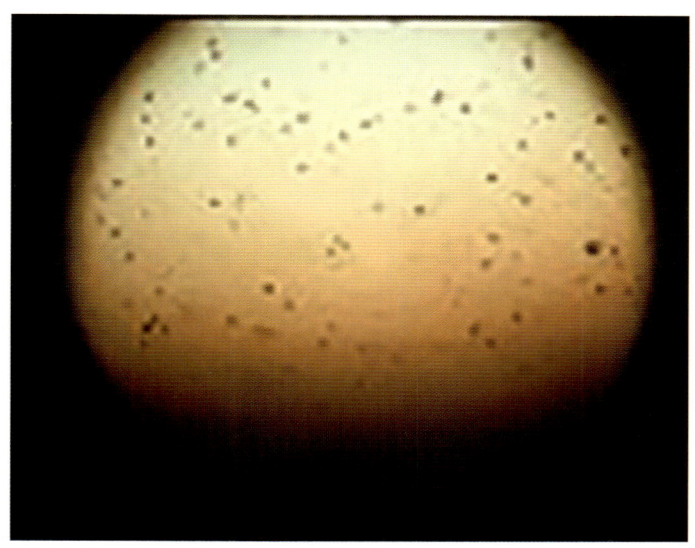

라돈에서 발생한 알파입자가 고체인 플라스틱에 남긴 흔적

위의 그림처럼 플라스틱 표면을 손상시키는 효과를 이용하는 알파비적 검출법, 라돈 자손이 감마선을 방출하는 것을 검출하는 감마선 분광법 등 다양한 방법이 있지요.

☞ 147-165

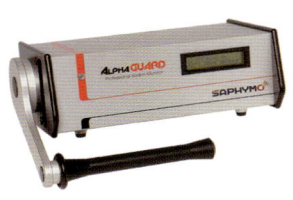 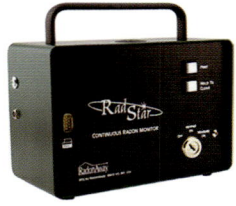 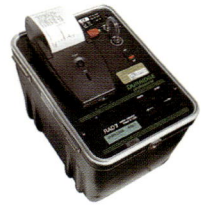

71

어렵죠? 측정 방법을 이해하고 공부하는 것은 어렵고도 어려운 일이에요. 수동형, 능동형, 실시간, 장기간 측정 등등... 특히 공기 중에 존재하는 양이 수백 경분의 일 그램이라고 했는데, 그 작은 양을 바로 바로 파악하기 위해서는 천만 원이 훌쩍 넘는 전문장비가 필요했었는데, 다행히 이제는, 저 스스로 얘기하려니 쑥스럽지만, 제 연구실에서 십 수 년 동안 노력한 결과와 (주)에프티랩의 축적된 기술 협력으로, 즉, 우리나라의 우수한 기술로 세계 최초로 개발된, 10만원 내외의 측정기를 이용하여, 전문가가 아니더라도 실시간으로 라돈 진단이 가능해졌기 때문에, 관련 전공자가 아니더라도, 일반국민이나 라돈 관련 사업자들은 과거의 수많은 라돈 측정 방법을 이해할 필요도 없이 쉽게 라돈을 파악할 수 있게 되었죠.

이런 측정기가 '라돈아이(Radon Eye)'라는 브랜드로 국내에 최초로 보급되어, 교수, 연구원 등 값비싼 장비를 사용할 수 있는 전문가 그룹이 아니라, 일반 국민들이 침대, 대리석, 마스크, 속 옷, 모래 등 생활밀착형 제품에서 라돈이 방출되는 것을 자발적으로 속속들이 발견해 내었고, 이로 인해 쓸데없이 맞는 방사선이 줄어들어, 우리의 기대 수명이 의미 있게 늘어나는 것에, 저 또한 개발자로서 한없는 자부심을 가지고 있습니다.

☞ 참고지식(실시간 라돈 센서의 국내 개발 스토리)

기억하실 것은 제품을 측정하실 때는 '라돈아이' 같이 측정기의 밑바닥에 구멍이 뚫려 있으면, 제품에서 방출되는 라돈기체가 측

정기 안으로 들어오기 때문에, 제품 바로 위에 놓아, 제품으로 부터의 라돈 방출량을 측정하시면 되요. 그 수치가 148 Bq/m3 이상이면 일단 제품으로부터 방출되는 라돈이 너무 많은 것이니 그 제품을 사용하지 않는 것이 제일 좋지요.

공간의 라돈을 측정하실 때에는 아래 그림과 같은 위치에 측정기를 설치해서 측정하는 것이, 그 공간의 공기 중의 라돈을 정확히 파악할 수 있어요. 창문에 가까우면, 외부 공기의 영향을 받을 수 있고, 바닥이나 벽에 너무 가까우면, 우리가 숨 쉬며 폐로 유입되는 공기 중의 라돈이 아니라 건축자재에서 방출되는 다른 방사선의 영향을 받아서 정확한 평가가 어렵기 때문이에요. 하지만 너무, 몇 cm 정확하게 떼어서 측정해야지 하면서 스트레스 받으실 필요는 없어요. 그냥 실내에서 우리가 호흡하는 적당한 위치에서 측정하면 되요.

간혹 라돈이 공기 보다 무거우니까 방의 아래쪽에 라돈 농도가 더 높다고 오해하시는 분들이 있어요. 라돈은 기체라고 했지요. 기체 보다 훨씬 무거운 먼지도 크기가 10 마이크로미터 보다 작으면 둥둥 떠다니기 때문에 부유분진이라고 해요. 왜냐하면 실내 공기는 사람이 생활을 하게 되면, 보통 1초에 20센티미터 이상 항상 움직여서 그래요. 그 보다 1000배 이상 훨씬 작고도 작은 라돈은 당연히 공간의 여기저기 똑같이 휩쓸려 다니겠죠. 따라서 라돈은 수십 센티미터 정도 표면에서 떨어져 측정한다면, 그 농도는 구획된 방 어디서 측정하던 그 결과는 거의 비슷해요.

☞ 186-188

☞ 결로가 생기면 곰팡이가 서식할 가능성이 높아져요. 따라서 결로를 방치한 경우 곰팡이가 번식하면서 퍼지는 포자가 천식, 비염 등 호흡기 질환이나 아토피를 유발할 수 있어요. 또한 곰팡이 특유의 퀴퀴한 냄새는 메스꺼움과 피로감의 원인이 되고, 일부 곰팡이는 가려움증, 습진, 피부반점, 무좀 등의 증상을 일으키기도 해요.

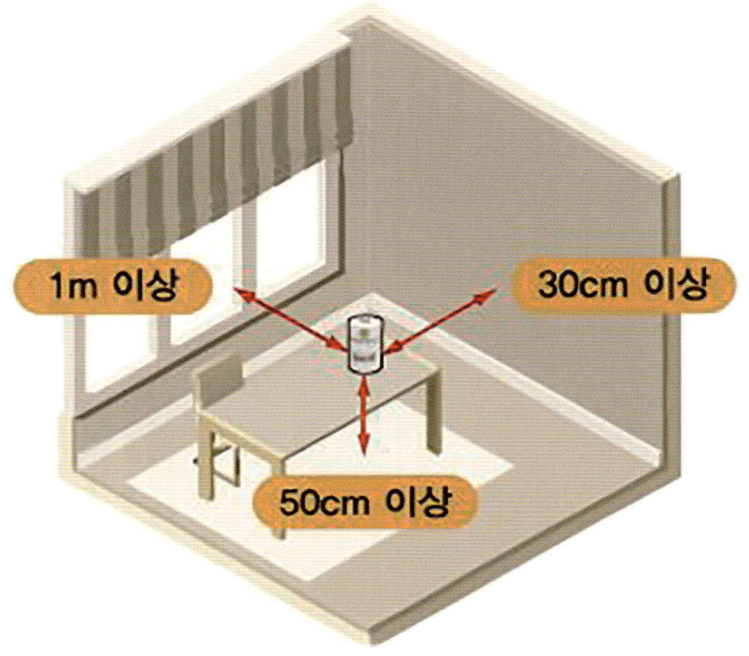

☞ 라돈의 밀도는 공기 밀도의 약 8배인 9.73g/L이지만 일상적인 생활 환경에서는 공기의 흐름 때문에 거의 균일하게 분포해요. 국립환경과학원의 실험 결과, 실내 공간에서 높이에 따른 라돈 농도의 차이는 매우 적었어요.

[참고] 서로 다른 5지점에서의 높이별 라돈 농도 측정 결과

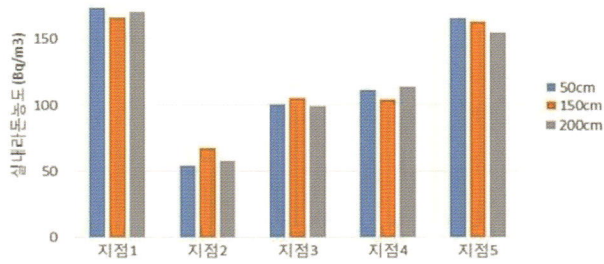

라돈은 어떻게 관리하죠?

라돈을 관리하기 위해서는 공간의 라돈을 진단하는 것이 최우선이지요.

저는 항상, 라돈은 측정이 아니라 진단이고, 이후 라돈으로부터 우리 집 또는 공간을 치료하는 것이라 말해요. 우리는 건강 때문에 의사를 찾아가서 건강 진단을 하고, 진단을 잘해야 이후 치료 과정이 더 간단하고 쉬워질 수가 있는 것과 같이, 공간의 라돈을 잘 진단해야 공간 내의 라돈을 잘 치료할 수가 있어요.

우리는 몸이 아프면 스스로 진단하고 치료해 보고, 안 되면, 전문 의료인을 찾아가서 저렴한 진단과 치료로 시작해서, 또 안 되면 몸을 진단에 맞는 조건으로 만든 후 고가의 진단과 치료를 받듯이, 라돈 때문에 우리 집이 아프면, 자가 라돈 진단과 치료를 하고, 잘 안 되면 전문가의 진단과 치료를 받아야 한다고 생각해요.

일반적으로 작은 공간의 라돈 농도는 큰 공간보다 높아요. 그 이유는 공간의 부피에 비해 라돈이 흘러나오는 표면의 면적이 더 크기 때문이에요. 이러한 이유로 거주 공간 중에서 라돈 농도가 높을 가능성이 큰, 작은 공간을 우선적으로 확실히 밀폐한 후에 측정해야 되요. 라돈 농도가 높다고 판단되면, 라돈은 유체이므로 어떤 틈새를 통해 어디로 이동할지는 아무도 모르기 때문에, 이후 가능하면 모든 구획된 공간을 측정해서 실태 파악을 해야 하고, 가능하면. 항상 실시간으로 라돈 농도를 파악하여, 내가 머무는 공간의 라돈 분포 패턴을 파악하여 관리하는 것이 제일 좋지

만, 최소한 봄, 여름, 가을, 겨울 등 주기적으로 파악한 후 다음 방법으로 라돈을 낮추거나 관리하면 되요.

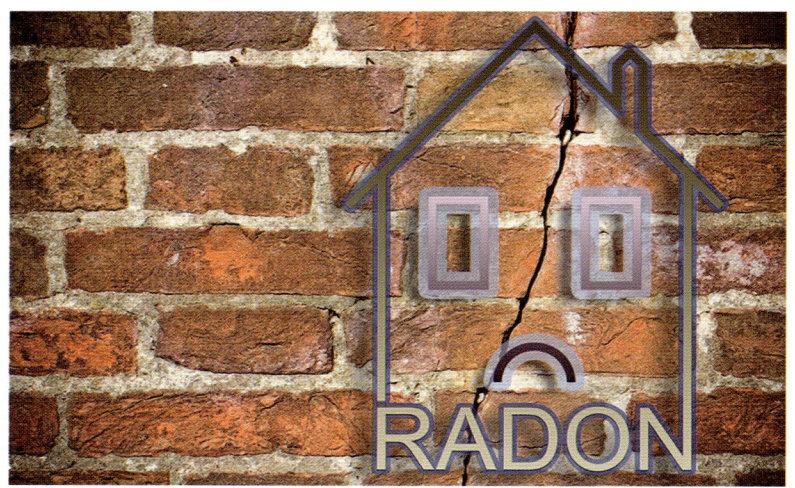

라돈을 관리하기 위해서는 크게 라돈을 내놓는 발생원을 관리하거나 환기를 하는 방법이 있어요. 라돈의 경우 화학적으로 반응하지 않아 물리적인 방법으로 없애거나 낮추어야 하는데, 지속적으로 발생하는 라돈을 효과적으로 제거하기 위해서는 흡착제나 공기청정기를 이용하는 것은 적절하지가 않아요. 흡착제는 라돈만 흡착하는 것이 아니라서, 공기 중의 더 많은 다른 물질을 흡착하게 되면, 더 이상 흡착할 수 있는 능력이 줄어들어 계속 발생되는 라돈을 없앨 수가 없어요. 일반적인 공기청정기는 주변 공기를 빨아들이는 범위가 크지 않고, 정화된 공기를 멀리 까지 보내는 능력이 크지 않은데도, 실내공기를 정화하는 능력이 업체들에 의해 과장되게 표현되곤 합니다. 또한 갑자기 증가한 오염물, 예를 들면 미세먼지 같은 것은 필터로 일부 거를 수는 있지만, 실내공기만을 반복적으로 순환시키기 때문에, 필터로는 걸러지지도 않고, 활성탄 필터로 끊임없이 발생되는 라돈을 없애는데 확실히 한계가 있어서, 요즘은 외부 공기를 투입할 수 있는 환기가 가능한 공기청정기가 시장에 출시되었죠.

실내로 유입되거나 실내에서 발생하는 라돈을 관리하는 방법은 크게, 발생원을 관리하거나 환기를 하는 두 가지 방법이 있어요.

- 발생원의 관리

일단 건설하거나 리모델링할 때, 라돈 방출량을 파악하여 라돈이 덜 나오는 콘크리트, 석고보드, (인조)대리석 등등 건축자재를 선택하는 것이 제일 중요하지요. 그런데 라돈 방출량을 일일이 건축하시는 분들이나 개인들이 파악하기가 어려우므로, 저희가 한국표준협회와 라돈안전제품 인증 제도를 만들었고, 계속 이런 인증 작업들이 중요하다고 생각해요.

☞ 227

① 틈새 차단 : 라돈의 유입 경로를 차단하는 방법이에요. 실내에 존재하는 여러 틈새(건물의 갈라진 틈, 벽과 바닥의 교차 부분의 틈새, 바닥재의 이음새 등)를 차단하는 것이죠.

② 발생 표면 차단 : 단독주택, 아파트 모두 마찬가지이지만, 콘크리트 벽면 자체에서 발생하는 라돈이 실내로 유입되는 경우가 많은데 이때, 차단제를 사용하여 실내 라돈 농도를 관리할 수 있어요. 실제 공간에 적용하여 효과가 입증된 라돈차단 페인트와 라돈차단 코팅제도 있어요. 효과가 좋은 것들을 저희가 계속 평가해서 저희 스마트라돈 앱이나 웹에 계속 알려드리려고 해요.

- 환기

① 자연 환기 : 라돈을 포함한 실내공기오염물질을 제어하는 방안 중 가장 좋은 방법은 환기를 하는 것이에요. 환기는 외부 공기와 내부 공기를 교환해 주는 것이고, 그냥 우리가 간단하게 창문을 열어주는 것을 자연환기라고 해요. 바깥공기 중의 라돈 농도는 10 Bq/m3 내외로 일반적인 실내 공기 중의 라돈 농도의 1/5 – 1/10 밖에 안 되니까 가능하면 외부 공기를 실내로 넣어 주면 실내 라돈이 희석되죠.

② 기계식 환기 : 우리나라의 경우 겨울철부터 미세먼지로 인

해 자연환기가 어려워지기 시작하고 특히 봄철에는 황사까지 더해져 환기하기가 더욱 어려워지죠. 기계식 환기 장치는 이럴 경우 창문을 열지 않고 실내의 오염된 공기를 바깥으로 빼주는 동시에 외부 공기를 실내로 들어오게 하면서 환기가 이루어지죠. 기계식 환기장치에는 에너지 손실을 줄이기 위해 환기장치 내 열교환기가 기본으로 장착되어 있어요. 일반주택의 경우 내부 공기를 바깥으로 빼 내주는 팬을 설치한 세대들이 있는데, 이 경우 건축자재나 토양으로부터 라돈이 실내로 더 많이 유입될 수가 있어요. 따라서 환기 역시 올바르게 진행되어야 하고, 일반적으로 외부 공기를 실내로 집어넣어 실내를 양압으로 만들어 주는 것이 라돈 관리에 좋아요

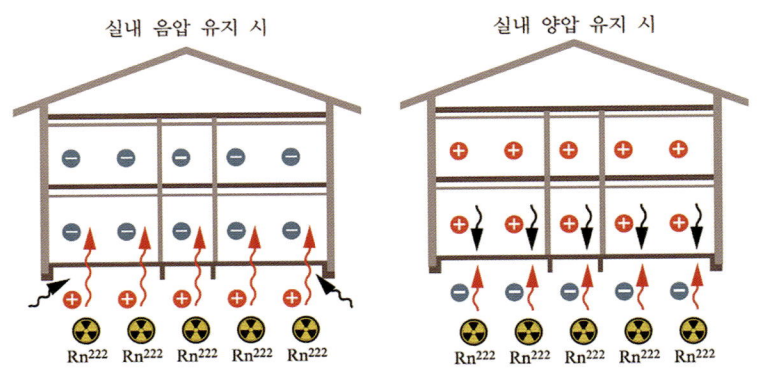

요즘에는 청정환기 시스템이라고 해서 실내 공기 질을 감지하여 외부 공기를 공기청정기 수준으로 정화해서 실내로 들어오게 하고, 실내에서 발생하는 유해 물질들을 자동으로 밖으로 내보내는 환기 장치들이 나오고 있어요. 이러한 장치들의 특징은 집안에 기본적으로 설치된 '덕트'라는 급, 배기 공기 통로를 활용한다는

점인데요. 이로 인해 집안 전체 공기를 한꺼번에 관리해 줄 수 있어 실내 라돈의 농도를 낮추는데 매우 도움이 된다고 볼 수 있죠.

실내 환기 시스템이나 공기청정기에 라돈 센서를 내장시켜, 실내 라돈 농도에 따라 필요할 때만 자동으로 환기를 진행하여 에너지를 가장 효율적으로 사용할 수 있어요. 이런 집을 스마트 홈이라고도 하죠.

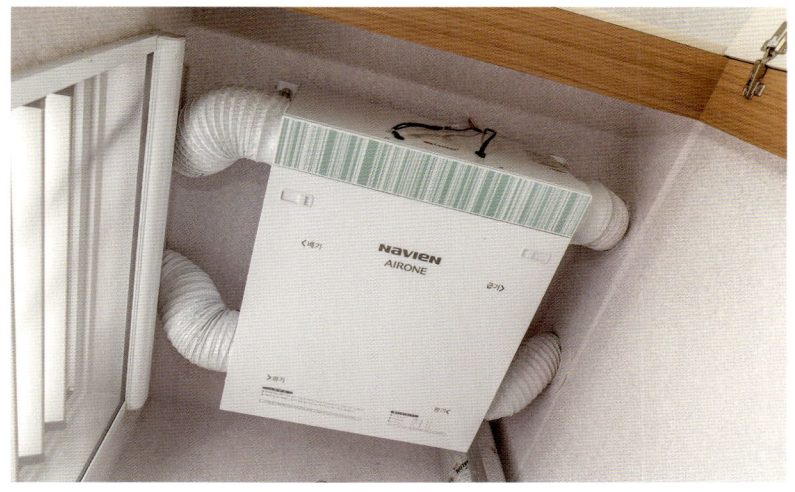

③ 공기청정 환기 : 평상시에는 일반적인 공기청정기로서, 문을 닫고 실내공기를 계속 순환시키면서 필터로 주로 먼지를 걸러주다가, 라돈이 높으면, 설치된 외부 공기 유도관을 통해 라돈 농도가 낮은 외부 공기를 실내로 유입하여 실내 라돈 농도를 낮추는 장치이고, 라돈과 실내 이산화탄소 관리를 위해 최근 이용되기 시작했어요.

☞ 공기청정기의 성능은 실내 공간의 기밀도에 따라 차이가 있으며, 미세먼지 제거 효율은 밀폐된 공간에서 더 높게 나타나요. 하지만 공기청정기를 사용한다고 해서 환기를 전혀 실시하지 않으면 미세먼지 외에 다른 오염물질(폼알데하이드, 라돈, 휘발성유기화합물 등)이 축적되어 실내 공기가 더욱 오염될 수 있으므로 주기적인 환기가 반드시 필요해요.

④ 바닥 하부 환기 : 토양과 맞닿아 있는 주택이나 건물 저층부의 경우 건축 자재에서 발생하는 라돈의 영향보다 토양에서 실내로 유입되는 라돈의 영향이 더 커요.

이 경우 아래 그림과 같이 라돈 배출 파이프를 건물 기초나 지하 슬래브(slab) 밑에 넣어 슬래브 아래(sub-slab)를 환기 시켜주는 방법이에요. 이 경우 건물 아래의 공간에 음압이 형성되어 토양의 공기가 실내로 유입되지 않고 관을 통해 밖으로 빠져나가게 되죠. 토양의 라돈 농도가 너무 높으면 팬을 달아서 환기 효율을 높이기도 해요. 이 방법은 전문적인 시공사가 필요하고, 건물을 지을 때 적용하는 것이 가장 비용이 적게 들겠죠.

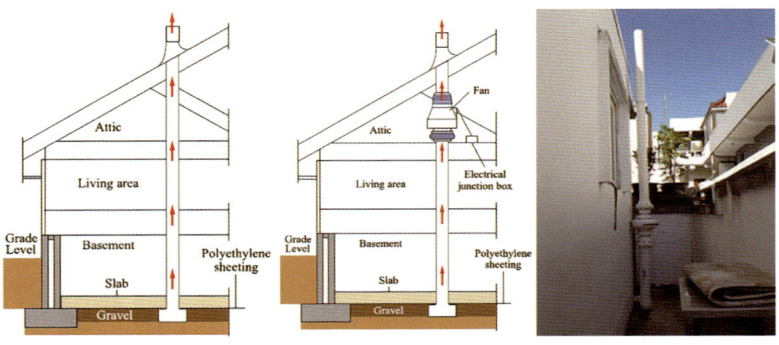

아래 표는 평균 라돈농도 별 라돈저감 방법을 표로 정리한 것이고, 공간과 비용과 시간에 맞는 것을 선택하여 실내 라돈을 충분히 관리할 수 있어요.

평균 라돈농도 \ 라돈 저감방법	공기청정 환기장치	열 교환 공조기	바닥 밑 감압법	라돈차단 페인트 (신개축 시 유리)	라돈차단 단열재 (신개축 시 유리)
100 Bq/m3 - 148 Bq/m3	○				
149 Bq/m3 - 300 Bq/m3	○	○			
301 Bq/m3 - 500 Bq/m3	○	○	○		
501 Bq/m3 - 800 Bq/m3	○	○	○	○	
〉801 Bq/m3	○	○	○	○	○

☞ 189-225

이렇듯 여러 관리 방법이 있지만, 잘 관리된 공간과 제품을 정확하게 평가하여 국민들에게 잘 알리는 것도 중요해요. 그래야 소

비자들의 선택권이 향상되고, 기업들은 비용이 더 들더라도 국민들의 건강을 위해 제대로 된 공간과 제품을 제공하기 위해 노력할 테니까요.

다음은 저희와 한국표준협회가 시행하고 있는 라돈안전공간과 라돈안전제품 인증 마크이고, 현재 라돈 관리를 열심히 하고 있는 실내 놀이 공간, 아파트 단지 등이 공간 인증을 받았고, 침대 매트리스, 건축 자재 등도 제품 인증을 받아 국민들에게 라돈안전을 위해 모범적으로 안전하게 다가가고 있음을 객관적으로 인정받고 있어요. 롯데월드 어드벤처 같은 가족들이 자주 놀러가는 대형 실내 놀이 공간도 백 군데 넘게 구석구석 라돈을 측정해서 안전함이 입증되었어요.

☞ 227

우리가 많이 살고 있는 아파트 등 공동주택의 라돈은 어떻게 관리하는 것이 좋죠?

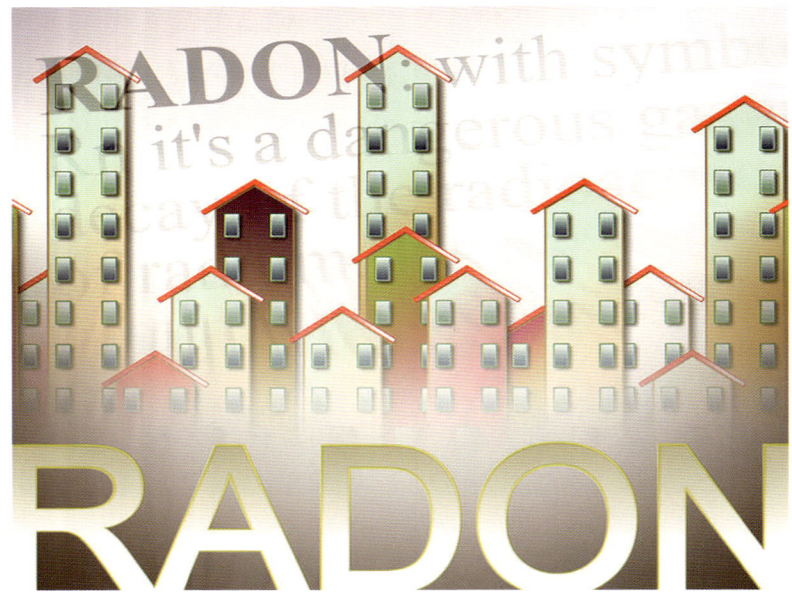

정부에서 조사해 보니 토양에서 멀리 떨어진 아파트도 5 % 내외가 우리나라 기준치인 148 Bq/m^{3}를 초과했다고 해요. 무시할 수 없는 수치죠. 거주하고 계시는 공간은 아파트이든 아니든 다음과 같은 단계로 진단하고 관리하면 좋아요.

일단 제일 작은 방, 화장실 등 작은 공간의 라돈 농도를 최소한

2일 이상 측정해 보세요. 이때 가능하면 문을 닫고, 덜 왔다 갔다 하면서 측정하세요. 이후 만일 화장실의 농도가 다른 공간보다 특별하게 높으면, 화장실의 인조대리석이 원인이 될 수도 있고, 건물 가장 아래쪽 토양에서 발생한 라돈이 굴뚝 또는 연돌효과(stack effect)로 인하여, 특히 추울 때 화장실 배기구나 배수구를 타고 우리 집으로 유입될 수도 있어요. 실내공기가 따뜻하면 공기 밀도가 낮아져서 위로 향하는 부력이 발생해요. 겨울철 건물 내부에는 상승 기류가 형성되어서 건물 위쪽에서는 안에서 밖으로 그리고 건물 아래쪽에서는 밖에서 안으로 향하는 자연 환기력이 작용하게 되요. 우리 집의 배수구나 주방과 화장실 등의 배기구가 저층부와 연결된 곳을 통해 아래쪽 라돈이 유입될 수 있으니 조심해야 해요. 가끔 고층 주택의 라돈농도가 저층 보다 높은 이유가 다 이런 이유 때문이에요.

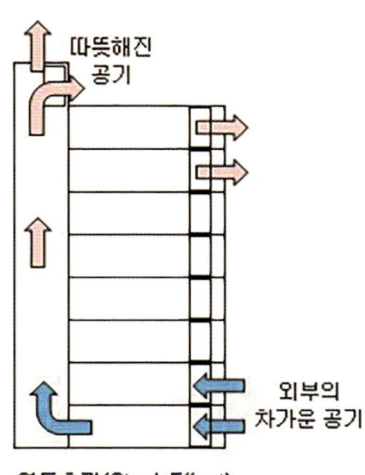

연돌효과(Stack Effect)

이런 것이 원인이 아니면 나머지는 모두 콘크리트나 석고보드 등 건축자재에서 방출되는 라돈이 환기 부족으로 실내에 누적되어 농도가 높아진 것이니, 앞에서 얘기한 환기 또는 차단 방법으로 라돈을 관리할 수 있어요.

자가 진단 후 치료가 안 되면 인정받은 전문가에게 의

뢰하는 것이 제일 좋아요. 선진국처럼 우리나라도 앞으로는 일정한 자격을 가진 전문가 집단을 국가에서 관리하고 추천할 수 있어야 하지만, 일단 저희와 함께 하는 전문가는 저희 앱과 웹에 계속 기록해 놓을게요. 여러분도 저희와 함께 아름다운 동행을 하며 라돈 전문가가 될 수 있어요.

- ☞ 요리로 인해 미세먼지가 많이 발생한 상황에서 곧바로 공기청정기를 사용하면 기름 입자 등이 필터를 막아 필터 수명이 단축되고 냄새가 밸 수 있어요. 따라서 요리를 하는 동안은 공기청정기를 꺼두고, 요리가 끝난 다음에도 환기를 충분히 실시한 후 공기청정기를 사용하는 것이 좋아요.

- ☞ 공기 중에 날리는 반려동물의 털에 진드기나 세균이 붙어있을 수 있어 알레르기성 질환, 천식 등을 유발할 수 있으며 배설물 관리를 소홀히 할 경우 세균이나 기생충에 노출될 수 있어요. 따라서 실내에서 반려동물을 키울 때는 자주 씻기고, 배설물 처리와 청소에 주의를 기울여야 해요.

라돈으로부터 건강한 우리나라를 위해 앞으로 무엇이 중요할까요?

아주 딱딱한 내용이라 여러분들이 보실 필요는 없지만, 제가 이전에 저술한, '라돈, 불편한 진실' 책의 228 페이지부터 233 페이지 까지를 읽어 보시면 '국가 라돈 관리 프로그램의 구축'이란 내용이 있어요. 그건 정책을 수립하시는 분들이 참고하실 큰 방향이고 우리 국민들과는 앞으로 이랬으면 좋겠어요.

라돈은 여러 국제기구에서 일급 발암 물질로 분류되어 있고, WHO, 미국, 유럽 등 여러 선진국에서는 이미 1990년대부터 생활환경 중의 라돈을 적극적으로 관리하고 있어요. 우리나라는 그 발전 수준에 비추어 늦은 감은 있지만, 라돈 관리의 중요성은 아무리 강조해도 지나침이 없지요. 불행히 우리나라에서는 라돈 침대 사태 이후, 여러 생활밀착형 제품에서 위험한 수준의 라돈이 발견되어, 여러 국민들의 불안감이 고조되었죠. 더불어 라돈 자체를 알지도 못하고, 우리 주변에 존재하는지 조차 인지 못했던 대부분 국민들의 관심이 폭발적으로 증가했고, 이제 자연스럽게, 원래 라돈 관리의 주요 대상인 생활공간의 실내공기 중 라돈의 이슈로 바뀌었죠.

그동안 라돈 관리를 위해, 아름다운 연세대학교 미래 캠퍼스에서 수많은 고마운 분들과 제자들과 더불어, 짧지 않은 시간 동안

걸어온 이야기가, 2019년 저술한 '라돈, 불편한 진실'의 맨 뒷부분 '연세대학교 라돈 이야기'에 있어요. 라돈 측정과 관리 기술 연구 개발, 라돈 교육과 인증 및 홍보… 쉼 없이 달려왔지만, 이제 여러분의 소중한 참여가 가장 중요한 시기예요.

  아직도 우리들은 소문 퍼질까 봐, 땅값 때문에, 집값 때문에 쉬쉬하며, 가끔 매스컴에서 '죽음의 가스', '침묵의 살인자'라고 자극적으로 표현되는 발암물질 라돈이라는 방사성 물질과 불편하고 위험하게 적과의 동침을 하고 있죠. 쉬쉬하는 이유는 아이로니컬하게도 우리 대부분이 라돈이 집에서 유래되는 위험한 물질이라는 인식을 하고 있다는 증거이기도 해요. 물질 만능, 안전 불감증에 참 바보스럽고 개탄스런 일이죠. 아이 손을 붙잡고 길거리를 지나가다가 누가 담배를 피우면 손사래를 치고 도망가면서, 우리 집에는 그 보다 10배는 더 위험한 농도의 라돈이 존재하는 것은 알려고도 안 하고, 있어도 쉬쉬하다니요? 다 우리 탓, 내 탓이고 이제 남의 눈치와 당장의 부동산 가격만 따져보지 말았으면 해요. 계속 강조하지만, 라돈은 공간의 농도를 진단만 잘하면 평생 안전하게 치료가 가능해요. 그다음에 당당하게 자랑하고 가치를 인정받았으면 해요.

이제부터는 인간중심의 안전하고 스마트한 공동체를 위해, 나와 내 가족과 국민들의 건강을 위해 우리 모두 라돈 관리에 앞장서요. 그리고 건축하시는 분들, 부동산 중개인 분들, 공간 관리 책임자 분들, 인테리어 관련된 분들에게도 라돈 관리를 요구할 수 있는 날이 빨리 오면 좋겠어요.
부동산 거래시에도 당당하게 대상공간의 라돈 농도와 관리 상황을 함께 파악하고 거래하면 얼마나 좋을까요.
나와 우리가족이 오래도록 머물 공간인데, 이런데 필요한 비용은 부동산 가격이나 건강 유지비용에 비해서 참으로 미미할 것 이예요. 우리가 머무는 공간의 라돈을 쉬쉬하는 것이 아니라, 잘 관리되고 있는 공간을 서로 사랑하고, 그런 공간의 가치가 올라가면 좋겠어요.

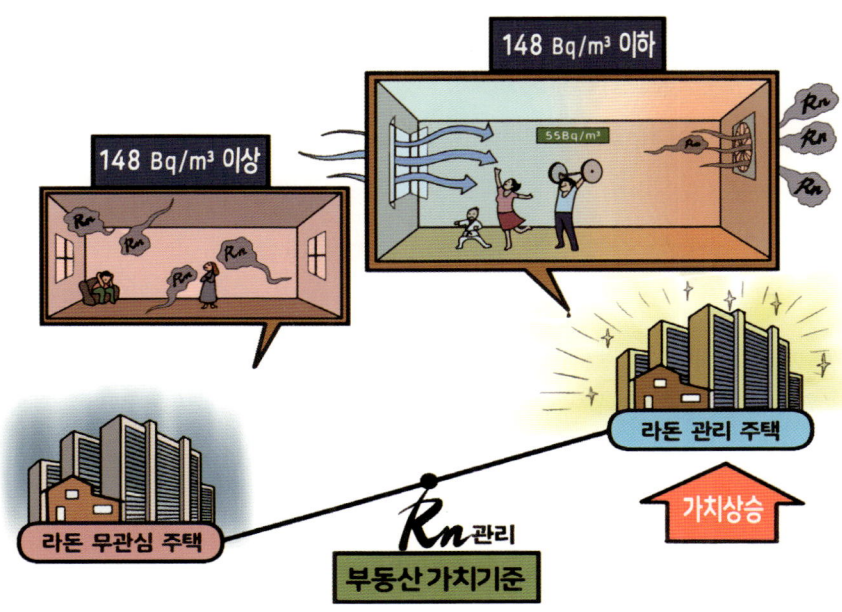

　라돈으로부터 자유로운 우리나라를 위해서는, 우리 모두의 라돈에 대한 인식개선과 관리를 위한 실제 행동과 이에 따른 보상이 중요해요. 이에 저는 라돈의 위험성을 제대로 알리고, 함께 소통하고, 공간의 라돈을 관리하는 활동을 직접 실행하고 지원도 하며, 자발적인 라돈 팬덤 생태계를 조성하는 초석이 되고자 해요. 더불어 새로운 4차 산업시대에 맞는 기술 개발에도 힘써야겠어요. 이를 위해 '라돈어벤져스'라는 카페도 운영하고 라돈 멤버스 활동도 시작했어요. 다음은 라돈과 실내 환경이 관리되는 공간을 자랑하고자 하는 표시 마크들 중 일부를 표현해 보았어요. 저런 마크가 여기저기 퍼져 나가는 중심에 여러분이 계셨으면 좋겠어요. 건설하시는 분들, 건물 관리하시는 분들, 인테리어 관련 분들은 물론, 부동산 임대나 매매 시에 중개인 분들에게도 대상 공간의 건강성에 대한 평가를 요구하는 것도 중요하고, 자발적으로 건강한 우리 집을 만들어 가치를 높이는 것이 자랑스러우면 좋겠어요.

라돈을 진단 관리하고 라돈 안전을 표시하는 일들이 쉼없이 진행되어, 쉬쉬하는 라돈이 아니라 라돈으로부터의 안전을 자랑하는 일이 일상적일 때까지 끊임없이 함께 노력해요.
여러분과 아름다운 동행이 되길 바라요.

chapter IV

라돈관리를 위한 RnV(Radon Value) 토큰 기반 블록체인 생태계 구축

요즘 4차 산업혁명, 사물인터넷, 블록체인이라는 얘기를 모든 사람이 하고 있어요. 그러나 아쉽게도, 그 가치가 불투명하고, 투기성 거래로 많은 사람이 우려하는데요. 점점 더 거부감을 느끼고 있는 가상화폐, 암호화폐 또는 전자화폐는 최근 가상자산으로 분류되고 있는데, 많은 분이 이런 투기성 자산과 블록체인 기술을 혼동하고 있어요. IT 강국인 우리는 블록체인 기술을 반드시 잘 활용하여 더 발전하는 미래를 준비해야 한다고 믿어요. 라돈 관리 또한 블록체인화 시켜서, 공간의 가치를 정확하게 평가하여 그 정보와 이익을 우리 모두 공평하게 나누어야 할 필요가 있어요. 이에 최근의 정보혁명, 자산혁명과 라돈 관리의 혁신에 대한 제 생각을 정리해 보았어요.

블록체인이란 데이터를 분산해서 처리하는 기술을 말하고, 네트워크에 참여하는 모든 사용자가 모든 거래 내역 등의 데이터를 분산, 저장하는 기술을 말해요. 여기서 블록이란 개인과 개인의 거래 데이터가 기록되는 장부를 말하며, 형성된 후, 시간의 흐름에 따라 순차적으로 연결된 '사슬(체인)'의 구조를 가져요. 블록체인은 공공거래장부 또는 분산거래장부로도 불리고, 모든 사용자가 거래 내역을 보유하고 있어, 거래 내역을 확인할 때는 모든 사용자가 보유한 장부를 대조하고 확인해야 해서 위변조가 불가능하다는 특징이 있어요. 또한 합의 하에 저장된 정보를 수정하거나 지울 수가 없고, 추가만 가능하죠.

블록체인의 특징은 거래 내역을 중앙서버에 저장하지 않고 모든 사람의 컴퓨터에 저장하며, 누구나 거래 내역을 확인하는 것이 가능해서 공공거래장부라고 부르는 것이죠. 모든 사용자가 사본을 보유하기 때문에 해킹을 통한 위조가 불가능해요.

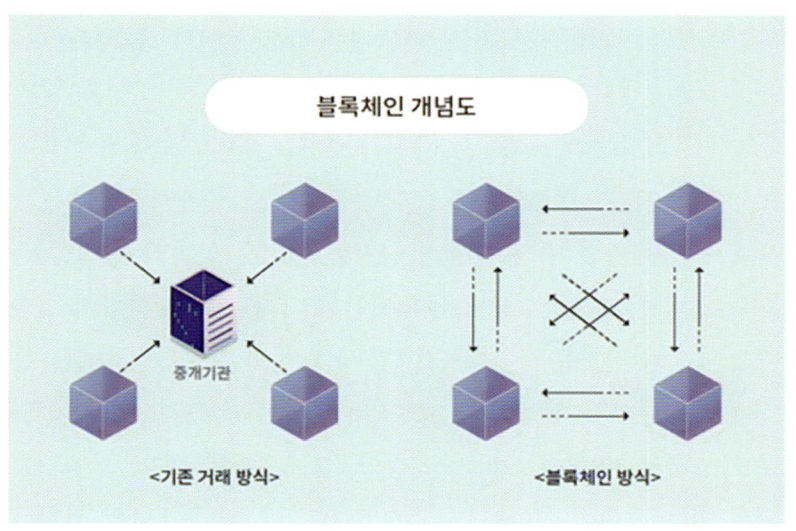

많은 이들은 블록체인 기술에 의한 '정보혁명'을 뛰어 넘는 '자

산혁명'의 시대가 도래했다고 말해요. 인터넷으로 정보만 주고받는 것이 아닌, 가치 있는 재산(자산)을 거래하고 보관하는 일이 가능해져서, 디지털 경제를 관통하는 메가 체인지, 즉 거대한 변화가 이미 시작 되었어요. 디지털 자산혁명의 시작은 2016-2017년 암호화폐에 대한 폭발적 관심이 서곡이에요. 전통적으로 다뤄진 모든 자산과 새롭게 출현한 자산 모두를, 블록체인 플랫폼을 통해 글로벌 차원에서 자유롭게 거래하고 유통하는 것이 가능해졌죠. 블록체인은 가치 있는 재산을 미들 맨에 의존하지 않고 효율적으로 전송하고 보관할 수 있게 만들죠. 여기서 미들 맨이란 중개자, 중간 관리자, 중앙 감독관 등을 말해요. 즉, 디지털 자산혁명은 자산의 성격 및 자산 소유 방식을 바꾸고, 중개자 없는 글로벌 시장을 창조하고, 디지털 자산혁명은 더 풍요롭고 공평하게 부가 분배된 세계로 우리를 이끌 것이며, 디지털 자산혁명은 새로운 비즈니스의 기회와 새로운 부의 주체를 만들 것이라 생각해요.

모든 사회활동과 경제활동의 전제는 제도적으로 보장된 신뢰에요. 지금까지는 신뢰를 위해 중개자(은행, 공인중개사 등)들이 존재했고, 중개자의 힘이 막강해서 정한 규칙을 따라야 하며 높은 수수료를 지불했죠. 그러나 블록체인과 디지털 자산 혁명에 의한 미래의 핵심 변화는 중개자 없이도 상호 신뢰가 보장 가능하다는 것이에요. 은행을 통하지 않고(중앙서버 없이) 개인 간 결제가 바로 가능하죠. 은행의 4대 기능(송금, 결제, 대출, 투자)을 핀테크 회사 또는 플랫폼 기업이 대신해 주기도 하죠. 중개자의 권한을 줄일수록 네트워크 효과는 증대되고, 자산이 디지털 토큰이 되어 블록체인 플랫폼에서 자동으로 거래가 가능해져요. 즉, 블록체인 기술 발전과 함께 디지털 자산혁명이 확산되어 가는 것이죠.

블록체인 기술을 활용하면 내 데이터를 안전하게 관리할 수 있고, 데이터 제공에 대한 보상도 받을 수 있어요. 이를 통해 양질의 데이터를 확보할 수가 있죠. 블록체인 기술은 4차 산업의 뿌리라고도 해요. 인공지능, 빅데이터라는 나무줄기에 좋은 양분을 제공하여 신성장 산업이라는 열매를 맺게 해주죠.

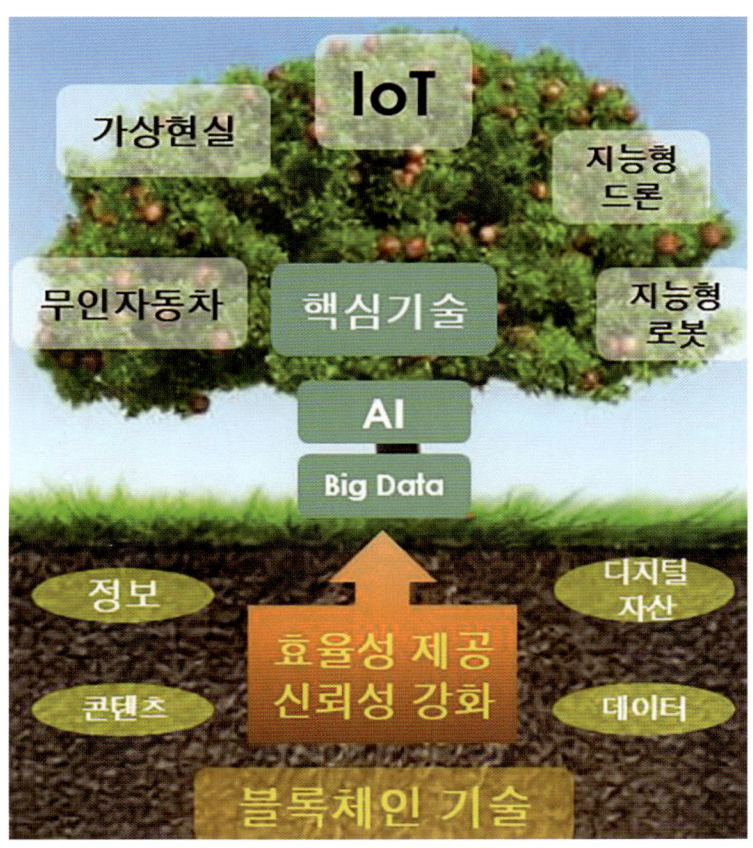

우리는 이제 선진국을 빨리 쫓아가는 fast follower가 아니라 먼저 움직이는 first mover가 되어야 해요. 피라미드형 중앙 집중적이 아니라 블록체인형 자율 분권적으로 나아가야 해요.

이제 인공지능과 사물인터넷으로 대표되는 4차 산업혁명의 시대가 도래 했고, 부가 디지털 공간에서 창출, 거래, 보유되는 디지털 자산시장이 확대되고 있어요. 블록체인은 여기서 디지털 자산시장의 거래 인프라 역할을 하고, 블록체인은 여기서 디지털 자산시장의 기반 핵심기술인 것이에요.

이제 이런 기술들을 라돈에 어떻게 적용할지를 설명 드릴게요.

라돈으로부터 안전한 공간을 만들려면, 신축의 경우 건축지 주변의 토양과 지하수를 진단하고, 기초공사시 라돈 저감 시공을 하며, 라돈 저방출 건축자재와 인조대리석 등 인테리어 제품, 라돈이 방출 안 되는 침대 등의 생활밀착형 제품들을 평가하고 선택하며, 그래도 라돈 방출원이 있을 시 방출을 차단하는 등 방출원을 관리해야 하죠. 이후 올바른 공기청정 방법을 선택하고, 라돈센서에 기반한 스마트 환기시스템을 운영하고, 세대별 실시간 라돈센서를 설치하고 모니터링하고 평가하여 라돈 안전 공간을 표시해서, 쉬쉬하는 라돈이 아니라 서로 서로 자랑하는 라돈안전공간을 만들어야죠. 이 모든 과정이 잘 이루어져 공간의 부동산 가치가 상승된 것을, 실내 라돈 센서에 기반을 두어, 안전공간을 이루기 위해 다양하게 진행된 정보를 블록체인화 하여 스마트콘트랙트를 하고자 하는 것이에요.

　지금까지 건설과 부동산 시장은 건설사와 공인중개사 중심으로 이뤄져 왔고, 일방적으로 제공되는 정보를 통해서는 공간의 건강과 안전 정보가 부재할 수 밖에 없죠. 실내에서 사용되는, 공기청정기와 환기장치 등 공기질 관련 장치 또한 제작사에 의한 일방적 과잉 홍보로 신뢰가 부족하죠. 필터 교환 정보 또한 일방적이라서, 필터를 별로 사용 안했는데도 교환해야하는 경우도 많고요. 우리 국민들께서는 문제가 되었던, 집안에서 사용하는 침대, 인조대리석 등등에 대한 정보를 아직도 쉽게 얻을 수 없어요. 정보 자체가 부재한 실내와 중앙에서 관리되는 실내환경 정보 또한 측정업자와 건물 소유자 또는 관리자 중심으로 이루어져, 공간을 사용하는 사람들이 체감하지 못하는 경우도 많죠. 이러한 중앙 집중적인 정보들을 라돈센서에 기반한 블록체인 기술로 공평하게 분산화 시킨다면, 건설, 실내환경 관리, 인테리어 등과 부동산 거래가 수요자 중심으로 변화하고, 공간의 건강과 안전에 대한 정확한 정보가 확보되리라고 믿어요.

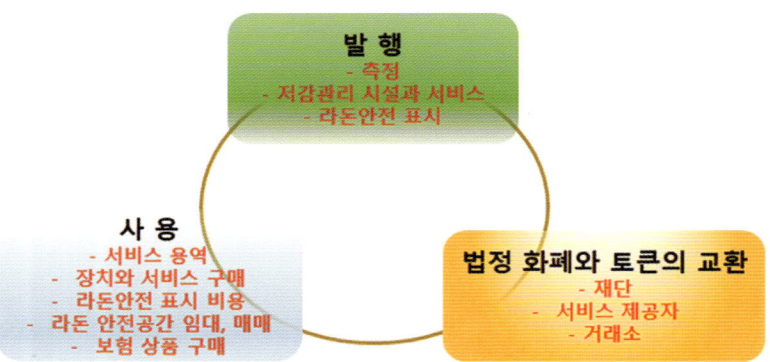

이를 위해 저는 세계 최초로, 도도히 흐르는 4차 산업혁명의 핵심 기반 기술인 블록체인기술이 제대로 적용된 라돈밸류 생태계를 창조하여 확장해 나가고, 생태계 내에서 스마트콘트랙트 등에 실제로 사용되는 라돈밸류토큰(Radon Value Token, RnV)의 자산 가치를 안정되게 유지 및 발전시켜, 목표하는 개인 건강과 공간의 자산 가치를 정확하고 공평하게 향상시키기 위해 노력하고자 해요.

☞ RnV 토큰에 참여하기 위한 많은 정보는 www.radonvalue.com에서 얻을 수 있어요. RnV 토큰이 활성화되도록 모든 노력을 다하고, 향후 라돈 네트워크를 메인 네트워크로 만들어 RnV 토큰의 가치를 높이도록 함께 노력하면 좋겠어요.

당신과 함께 **라돈** ~

☞ RnV 토큰 10개를 무료로 받고자 하시는 분들은 아래 박스에 지워지지 않는 펜으로 서명을 하신 후, 사진을 찍으셔서 radonvalue@naver.com 으로 보내주세요. 물론 토큰을 받으실 수 있는 암호자산 지갑을 만드는 방법도 이메일로 알려 드려야죠.

10 Free RnV Token	(서명)

☞ 라돈맨이 지속적으로 개선하여 제공하는 라돈 교육을 받는 방법, 라돈 측정 자격을 취득하는 방법, 내가 머무는 공간의 라돈을 진단하여 라돈안전마크를 취득하는 방법은 물론, 라돈 관리를 통해 건강하고 가치 있는 공간을 만들기 위한 영리사업과 공익사업에 대해 관심이 있으신 분들은 언제든지 편안하게 radonvalue@naver.com으로 문의 주세요. 함께 소통하고 동행하도록 해야죠.